ISO9001/ISO14001:2015年版対応！

建設業の
マネジメント
システム
徹底見直し

三戸部 徹 著

日刊工業新聞社

はじめに

　1995 年、我が国の建設業界で ISO 規格の認証が始まり、すでに 20 年の歳月が流れました。我が国の建設業では、認証を取得していることが入札条件にされるという危機意識から営業に不可欠な資格として急速に普及しました。特にISO9001 は他の産業を抑え、最大の認証件数を誇っています。（図 1　世界の認証件数は 110 万件超）

　ところが、多くの企業の認証維持年数が 10 年を超えた現在、建設業では品質にまつわる様々な不祥事が続発しています。2015 年に発覚した「杭工事記録の偽装問題」は、これまで築いてきた建設業界への不信感をあおる社会的問題となりました。その他「大臣認定の偽装」「鉄筋の間違いやスリーブなど様々な施工ミスの発生」といった一連の事件にみられるように、形骸化したマネジメントシステムへの諦めや慣れが進む中、現場の実態とかけ離れた規格の運用実

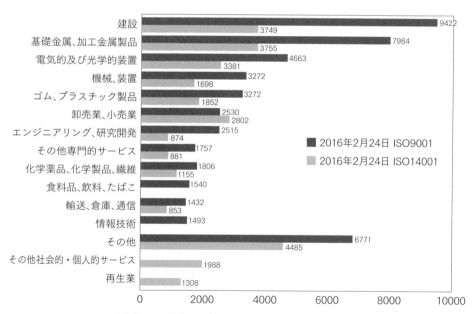

全産業 48543 件中、建設業は 9422 件
出典：JAB 公開資料「適合組織統計データ」2016年2月24日付

図 1　認証件数 JAB データ

態が明らかになったのです。

　筆者は1993年から、建築業協会の品質システム小委員会のメンバーとして、建設業へのISO9001の導入や留意点を検討する勉強会に参加しました。1994年秋には、欧州4ヵ国の認定機関、認証機関、設計会社、建設会社の他にISO本部を訪問し、ISOの実態調査に参加する機会にも恵まれました。そして、1995年には香港国際空港ターミナルビル新築工事で体験し、帰国後認証審査を受審するなど、幸いにも比較的早い時期からISOに携わる機会を多く持つことができました。

　1994年の視察調査の際には、ISO本部の委員や訪問した数ヵ国の企業の担当者から「日本はすでにTQMが普及し、品質活動の改善が進んでいるのに、なぜその第一歩としてのISO9001を勉強する必要があるのか」「もし導入するのであれば、**現行のシステム**とISOの要求を比べて不足があればそれだけを補えばよい。規格に合わせて新しいシステムを作ると大変です」といった多くの助言を頂きました。ちなみに後者の指摘は、規格が発行されるたびに**IAF**が**ギャップ分析**の重要性を推奨していることに通じます。

　ISOの導入は、日本では規格要求の主旨に対する理解を進めるよりも、認証取得の先行に伴い「欧州流の文書管理法」や「測量機器の校正証明書」など、これまでにはなかった管理のしくみができ、ISOコンサル業が乱立し、瞬く間に普及しました。規格に従ったシステムは目新しさがあったものの、手順書に従って定型の記録様式への書き写しなどの業務が増えました。同時に、その保管管理から「書類が多い」「ISOのために仕事が増えた」といった混乱に加えて、審査準備やその後の是正処置対応に追われたのです。このようなスタートが、その後の形骸化の原因になったと考えています。

　ISO形骸化の原因はほかにもあります。本来、認証を取得した企業が実務の中でどのように維持・運用して改善につなげるかが重要なのですが、これには

👉 **ワンポイント**　システム：ここで言うシステムとは、会社が事業のために決めているしくみのことで、ISOのシステムという意味ではない。

📄 **用語解説**　IAF：国際認定フォーラム（International Accreditation Forum, Inc.）のことで、ww適合性を認定する機関及び関連機関の国際組織。日本では公益財団法人日本適合性認定協会（JAB）及び日本マネジメントシステム認証機関協議会（JACB）がメンバーとなっている

📄 **用語解説**　ギャップ分析：IAFが規格の変更のたびに発行する文書で、組織のシステムと規格の差を事前に調べることを推奨している

大きな障害がありました。当初は、認証審査において「手順類の標準化、再発防止による品質管理の安定」に焦点が当たったことから、規格の要求通りでなければ、「適合とはいえない」という考え方が主流を占めていました。結果として、認証審査を無事に通り抜けるために、実際の業務とかけ離れた別のシステムを運用する必要に迫られたのです。また審査では審査員の指摘した通りにシステムを修正するため、回を重ねるたびに「金太郎飴のシステム」となり、今日に至っていると考えます。

当然、組織活動の本質的な向上には、ほとんど役に立たなかったことから、認証組織の知恵で「ISOの適用範囲の縮小や限定、及び対象製品などを最小限に絞る」などの対策により、できるだけ認証維持への負担を減じる手法をとらざるを得なかったと思います。

また、"品質"のあとで"環境"や"情報セキュリティ"、"労働安全衛生"など多くのマネジメントシステム（MS）が発行されました。これら複数のMSを維持するにあたって、多くの企業では共通の部分があるにもかかわらず、それぞれ単独にシステムを構築し、認証を取得し、維持してきました。

このことは日本のみならず世界的な問題として「ISO技術管理評議会（ISO/TMB）」は複数のマネジメントシステム規格の整合化を目的に「**専門諮問グループ（JTCG）**」を2006年に設置しました。2007年から分野横断的な検討の結果、2012年に「**ISO/IEC専門業務用指針　附属書SL**」の「Appendix2（規定）上位構造、**共通の中核となるテキスト**、共通用語及び中核となる定義」が制定されました。これに伴って、規格の構成が統一されたのです。今後、ユーザーである認証組織の利便性の向上が大いに期待されます。

本書は、建設業の実務にどのように規格要求を当てはめていくかを柱に、形

> **用語解説**　TMB：ISO/IECの専門業務のマネジメント全般の責任を負い「ISO/IEC専門業務用指針」など規則などのメンテナンスを行う上位組織

> **用語解説**　専門諮問グループ（JTCG）：2006年に設置され、2007年から分野横断的な検討の結果、2012年に「ISO専門補足指針の附属書SL(規定)マネジメントシステム規格の提案」を策定した

> **用語解説**　ISO/IEC専門業務用指針：ISOが国際規格及び他の出版物を作成する上で従うべき基本的手順を定めた文書で、認証組織や企業等ユーザー向けの文書ではない

> **用語解説**　共通の中核となるテキスト：ISO/IEC専門業務用指針附属書SLに制定された「Appendix2(規定)上位構造、共通の中核となるテキスト、共通用語及び中核となる定義」にマネジメントシステム規格の構成が規定されたため、改訂されたISO9001:2015及びISO14001:2015は同じ基本構成になった

骸化の典型部分に焦点を当てました。品質・環境 2015 年版の規格箇条の要求をどのように考え、そして経営に一致した運用の効果を実感していただきたいという思いから、改善のポイントとして規格の意図を新たな観点から実務に適用できる可能性を示すことに注力しました。

そのため規格本文の引用は一部にとどめ、規格要求の意図と企業活動に即した例を数多く挙げて説明しました。同時に、規格が求める「事業との一体化」「認証の結果に対する成果」を得るために、マネジメントシステム本来の目的である予防機能を強化し、形骸化したシステムからの脱皮を促す第三者審査の受け方も変えられることを意図しました。

改訂規格への移行は、建設業のあるべきマネジメントシステム（MS）へと生まれ変わるチャンスでもあります。ISO が建設業界へ浸透して 20 年以上が経過した現在、これまでの流れを変えることは容易なことではありません。ISO 再構築に向けた挑戦は、これまで長く築いてきた企業風土そのものへの挑戦にもなります。

本書がそうした読者の挑戦の一助になることを願って止みません。

2016 年 2 月

三戸部　徹

本書におけるISO規格からの引用については、一般財団法人日本規格協会の許諾を得て掲載している。

はじめに

出版に寄せて

　三戸部さんは、当社マネジメントシステム評価センター所属の審査員として現在もご活躍いただいていますが、かねてから一貫して規格に対して様々な解釈の応用を試みられおり、審査の折には、これらを元にした噛み砕いたわかりやすい指摘をしていただいております。

　かつて審査部に在籍していた筆者の立場からすると、適用例についてはそれぞれ真意を確かめる必要があり、規格の解釈論も踏まえてディスカッションさせていただいた記憶があります。規格の解釈とその適用に「これで完璧」という結論はないので、時には議論が白熱し、尽きなかったこともありました。

　本書でも繰り返し指摘されているように、審査の目的を考えると、かつての型どおりの適合性だけを追求していた段階から、"組織に有効な指摘"をするにはどうしたらよいかという視点に移ってきています。本書の解説や、数多く紹介されている規格の適用例にもその一端を垣間見ることができます。どのような形で規格要求を適用していくかは"組織の裁量"とはいうものの、こうした適用例の情報は大いに参考になるのではないかと思います。なにより、これら一つ一つから「ISOを普及させたい。ISOを活用してほしい」という三戸部さんの熱い気持ちが伝わってくるように思います。

　また、本書には、2015年のISO9001/14001の規格改正の内容と併せ、これまで審査経験で積み重ねてこられた様々な見識が溢れんばかりに展開されています。斬新な考えは、かつてと変わっておらず、お読みになると、「こういう考えもできるのか」と"目から鱗が落ちる"思いを抱かれるかもしれませんし、反対にギャップを感じるものもあるかもしれません。このあたりは読者の会社の背景や受けとめ方にもよりますが、本書はシステム運用の道を切り開く、一つの見解として価値があると思います。

　本書が、マネジメントシステム有効活用の切り口となることを期待しております。

株式会社　マネジメントシステム評価センター
代表取締役社長　藤井　信二

目次

はじめに……………………………………………………………… i
出版に寄せて……………………………………………………… v

序章
なぜISOは建設業界では役に立たなかったのか？ … 1

欧州調査では形骸化が予見されていた………………………… 1
建設におけるISO9001とISO14001のあらまし ………… 2
紙、ごみ、電気の活動…………………………………………… 4
ギャップ分析とは………………………………………………… 4
なぜ役に立たない運用になってしまったのか………………… 6
なぜISOで杭の問題を防止できなかったのか………………… 7

第1章
品質・環境マネジメントシステム
建設分野の見直すべきポイント …………………… 13

1-1　台帳管理にはじまる偏った文書管理…………………… 14
1-2　誤解がある外部分署の管理……………………………… 15
1-3　不必要な記録（文書化した情報）の管理……………… 16
1-4　目標は数値が無ければ達成度が評価できないか……… 17
1-5　協力会社を後から点数で評価することが再評価なのか……… 18
1-6　顧客の所有物はリストで管理するのか………………… 19
1-7　教育・訓練の記録には有効性の評価を記載しなければならないか… 20
1-8　測量機器は校正証明書が必要か………………………… 20
1-9　鉄筋圧接と鉄骨溶接は特殊工程か（プロセスの妥当性確認）… 25
1-10　内部監査員の資格に外部研修は必須か………………… 25
1-11　内部監査をダメにするもの……………………………… 26
1-12　なぜ著しい環境側面は点数で決定するのか…………… 27
1-13　環境側面に関連する法規制のリスト化が適合か……… 29

1-14	法順守の評価は、リストに年に一度チェックを入れることか	30
1-15	マネジメントレビューは、年1回審査の前に行うのか	31
1-16	不適合が発生したら、是正処置と予防処置をしなければならないか	32
Column	翻訳の問題	32

第2章
ISO：2015年版の概要と意図を読み解く … 35

2-1	ISO：2015年版のねらい	35
2-2	ISO2015年版の主な箇条の概要	37
4.	組織の状況	37
4.1	組織及びその状況の理解	37
4.2	利害関係者のニーズ及び期待の理解	38
4.3	マネジメントシステムの適用範囲	39
4.4	マネジメントシステム及びそのプロセス	40
5.	リーダーシップ	41
5.1	リーダーシップ及びコミットメント	41
5.1.1	一般	41
5.1.2	顧客重視	41
5.2	方針	42
5.2.1	品質方針の確立・5.2.2 品質方針の伝達	42
5.3	組織の役割、責任及び権限	42
6.	計画	43
6.1	リスク及び機会への取組み	43
6.2	品質（環境）目標及びそれを達成するための計画策定　品質（環境）目標の考え方と設定のしかた	44
6.3	変更の計画	48
7.	支援	49
7.1	資源	49

- 7.1.1 一般 … 49
- 7.1.2 人々 … 49
- 7.1.3 インフラストラクチャ … 49
- 7.1.4 プロセスの運用に関する環境 … 49
- 7.1.5 監視及び測定のための資源 … 50
- 7.1.6 組織の知識 … 53
- 7.2 力量 … 54
- 7.3 認識 … 54
- 7.4 コミュニケーション … 56
- 7.5 文書化した情報 … 56
  - 7.5.1 一般 … 56
  - 7.5.2 作成及び更新 … 59
  - 7.5.3 文書化した情報の管理 … 60
- 8. 運用 … 62
  - 8.1 運用の計画及び管理 … 62
  - 8.2 製品及びサービスに関する要求事項 … 67
    - 8.2.1 顧客とのコミュニケーション … 67
    - 8.2.2 製品及びサービスに関連する要求事項の明確化 … 67
    - 8.2.3 製品に関連する要求事項のレビュー … 68
    - 8.2.4 製品及びサービスに関連する要求事項の変更 … 69
  - 8.4 外部から提供されるプロセス、製品及びサービスの管理 … 69
    - 8.4.1 一般 … 69
    - 8.4.2 管理の方式及び程度 … 70
    - 8.4.3 外部提供者に対する情報 … 71
  - 8.5 製造及びサービス提供の管理 … 71
    - 8.5.1 製造及びサービス提供の管理 … 71
    - 8.5.2 識別及びトレーサビリティ … 75
    - 8.5.3 顧客又は外部提供者の所有物の管理 … 76

8.5.4 保存	76
8.5.5 引渡し後の活動	76
8.5.6 変更の管理	77
8.6 製品及びサービスのリリース	77
8.7 不適合なアウトプットの管理	78
9. パフォーマンス評価	78
9.1 監視、測定、分析及び評価	78
9.1.1 一般	78
9.1.2 顧客満足	79
9.1.3 分析及び評価	79
9.2 内部監査	80
9.3 マネジメントレビュー	85
9.3.2 マネジメントレビューへのインプット	85
10. 改善	89
10.1 一般	89
10.2 不適合及び是正処置	90
10.3 継続的改善	90
2-3 改訂規格の読み方	91

第3章
設計・開発でのISO9001の活用 …… 93

8.3.2 設計・開発の計画	100
8.3.3 設計・開発のインプット	102
8.3.4 設計・開発の管理―「検証」は忘れ物防止	102
8.3.4 設計・開発の管理―レビューは計画の価値を上げる機会	103
8.3.4 設計・開発の管理―妥当性確認は会社としての承認	104
8.3.5 設計開発のアウトプット	105
8.3.6 設計・開発の変更	106

第4章
建設分野の環境マネジメントシステムの活用 …… 111

- 4-1 ISO14001：2015 の変更点 …………………………………… 112
  - 6.1 リスク及び機会への取組み ………………………………… 112
    - 6.1.2 環境側面 ……………………………………………… 113
    - 6.1.3 順守義務 ……………………………………………… 115
    - 6.1.4 取組みの計画策定 …………………………………… 116
  - 6.2 環境目標及びそれを達成するための計画策定 ………… 117
- 4-2 会社業務における環境活動 ………………………………… 119

第5章
品質・環境統合マニュアル作成のポイント …… 129

- 5-1 統合マニュアルの目次例 …………………………………… 129
- 5-2 「用語及び定義」の例 ……………………………………… 130
- 5-3 好ましくないマニュアルとはどんなものか …………… 132

第6章
第三者審査の受け方及び考え方 …………………… 135

- 6-1 第三者認証制度の理解 ……………………………………… 135
- 6-2 望ましい審査の受け方 ……………………………………… 138
- 6-3 審査も変わる必要がある …………………………………… 139
- 6-4 会社の常識的な判断基準でよい …………………………… 140
- 6-5 管理責任者と事務局のあり方 ……………………………… 140

終章
建設業のマネジメントシステムの今後 ……………… 143
今後の方向性と展望……………………………………… 143
マネジメントシステム（MS）とは ………………………… 144
実感することが重要……………………………………… 146

付録
品質・環境統合マニュアルの例 ………………… 149

あとがき………………………………………………… 165
索引……………………………………………………… 166

序章

なぜISOは建設業界では役に立たなかったのか？

欧州調査では形骸化が予見されていた

　1994年、建築業協会（BCS）の「品質システム小委員会」は、欧州におけるISOの実態調査を企画し、英・仏・独・蘭の認定機関、認証機関、設計会社、建設会社の他にスイスジュネーブのISO本部を訪問しました。そこでは「今ISO9001の専門委員会（TC176）は日本のTQMを勉強しながら、次の規格を考え始めている」という意外な情報でした。つまり日本のようなモノづくりのレベルを目指してISO9001があるということでした。

　調査で得た様々な情報を翌1995年3月に「ISO9000と建設業-欧州調査報告」（社団法人 建築業協会）にまとめました。この時英国では36,000件、英国以外の欧州で18,500件の認証があり、英国においては大型の工事等で認証取得または自己適合が求められていることから、認証の取得に多くの会社が前向きに取り組んでいる状況がありました。しかし、認証機関や審査員の養成等、まだ緒に就いたばかりという実態や国ごとの文化の違いを感じました。

　欧州調査報告書の所感の一部を以下に紹介します。

- 欧州各国では、意外に抵抗が少なく、ごく自然に活用している
- 会社全体の品質改善・再発防止が可能になり、社員の責任感の醸成等でミスが少なくなれば、認証費用は問題ではない」という企業姿勢がある
- 日本と欧州の違いを考えると、そのまま転写するような導入はできない。欧州では「ニセの本物の**登録証**との戦いがある」というくらい認証機関ご

とのレベル差が実在する。
- ある建設会社のケースで「導入前はすべての責任を取らされていたが、責任や原因の所在が明確になるため、顧客の中にはISO9001で仕事をすることを嫌がるところもある」という興味深い話がある。
- ISO9001を入札条件に適用することは認証の取得だけが先行し、形骸化に走る恐れが十分考えられ、ISO9001が目的とする"企業の健全な品質管理活動を誤った方向に導きかねない。
- 日本における品質活動（ZD運動やTQC）は自発的、性善説的な品質活動であるが、ISO9001は「見える品質」というもので、直接は見えにくい品質をあるルールに従って見えるようにすることも時代の要請であろうか。

この時の関係者の過半数が、その後の認証関連業務に転向しているものの、その後の爆発的な認証ブームでは、懸念された状況を払しょくできなかったことが惜しまれます。

建設業におけるISO9001とISO14001のあらまし

　建設業の国内におけるISO9001の認証は、1995年12月に最初の認証が公表されました。その後、大手建設会社の海外部門や国内支店等から認証が広がり始め、2000年から2003年にかけて全国に一気に展開しました。いわゆるISOブームです。

　その理由は、国が工事入札の条件にするという"うわさ"でした。多くのISOコンサルが、認証を受けるためのしくみを提供し、全国の建設会社が争うように認証の取得に走りましたが、その結果は"はじめに"に書いた通りです。

　一方、ISO14001規格は、1992年開催された地球サミットの「環境と開発に関するリオ・デ・ジャネイロ宣言」以降、CO_2排出量等の危機感から、1996年に環境マネジメントシステム（EMS。**以下、マネジメントシステムはMSと表記**）が誕生しました。2000年版以前の品質システムは「品質保証モデル」であり、モデル的な「手順の適用による品質の保証」を意図した規格ですが、この

👆ワンポイント　ニセの本物の登録証：組織の業務の実態は適合とは言えない状態でも、作られた認証のシステムは表面上適合で、登録証が出されているという意味

時すでにMSとしての作業中であったことから、環境は初めから「MS」として発行されました。

その主旨は"自らの環境方針及び環境目的を考慮して、自らの活動、製品またはサービスが環境に及ぼす影響を管理することによって、健全な環境パフォーマンスを達成し、実証する"ことで、この基本は変わっていません。

2015年版では、"社会経済的なニーズとバランスを取りながら、環境を保護し、変化する環境状態に対応するための枠組みを組織に提供する"という表現が入りました**（以下、本書では、規格文は" "で表記します）**。また、"環境マネジメントを組織の事業プロセス、戦略的な方向性及び意思決定に統合し、環境上のガバナンスを組織の全体的なMSに組み込むことによって、リスク及び機会に効果的に取組むことができる"とあります。これは、図1に示したように、複数のMSが統合できることを意図しており、"組織が環境マネジメントシステムを他のマネジメントシステムの要求事項に統合するために共通のアプローチ及びリスクに基づく考え方を用いることができるようにしている"という説明から、環境MSを単独のシステムとするのではなく、会社の「しくみ」に組込むことが、自然体での適用を可能にする手段になると言っているのです。

また、「この規格をうまく実施していることを示せば、有効な環境MSをもつことを利害関係者に納得させることができる」とも言っています。

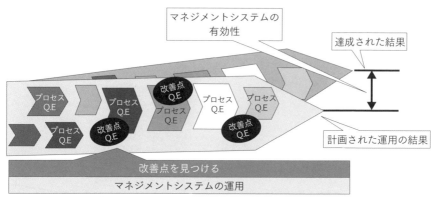

大きな矢を会社の業務プロセスと考えると、その中には品質Q、環境Eを含む様々な要素があり、全体として、向上していくことがMSの有効性となる

図1　マネジメントシステムの運用

紙、ごみ、電気の活動

　建設業の環境MSの取組みは、表題のような建設本来の環境活動に向かうことよりも、品質と同じように営業上の資格点の取得が目的で広がりました。

　従って、本業に適用しないで、「紙・ごみ・電気」を対象にして環境の認証を取得した会社がかなりあったようです。認証取得にかかる費用は必要経費という考えであろうと思います。一部ではISOに対する反対運動があったとも聞いていますが、認証の長期化で「紙・ごみ・電気」は限界に達し、ようやくCO_2に対象が移ってきました。ただ、これも単なる集計業務になっているうちはMSとは言えません。

　一方、目を現場に転じれば、真の環境対策や汚染防止をしていない現場はありません。他社との違いをどう現場に展開できるか、周辺住民との良好なコミュニケーションの確立や地域貢献活動等、品質とは違った面の活動に展開できるのです。

　環境MSの要求をうまく解釈して自社の取組みを対外的に示すことで、会社のイメージアップや社員に仕事の楽しさを実感できる別の効果や信用向上につながります。

ギャップ分析とは

　冒頭「はじめに」でも書きましたが、この意味がなかなか難しいために、認証機関や審査員は、どうしてもこれまでのマニュアルに着目して、そのギャップを調べようとします。つまり、「文書（マニュアル等）に書いてあるかどうか」がギャップ分析の対象になりやすいのです。その結果どのようなことになったかを以下に説明します。

　つまり、規格とマニュアルを比較すると、記述の違いが気になるので、最終的には、規格と同じ文章にならざるを得なくなるのです。

　1995年、筆者が経験した香港国際空港ターミナルビル建設工事では、発注者の要求に従いJVがISO9001の自己適合でシステムを構築しました。その時、英国人QAマネージャーが「品質マニュアルは、規格本文通りとする。その理由

は、発注者が規格と比べて違うところがあれば、それを指摘してくるので、こうしておけば問題にならない!!」と説明をしてくれました。つまり、規格の原文と一字も違わない内容の品質マニュアルを作って発注者へ提出したのです。しかし、JVの実際の運用には、それぞれの規定類を作り分け、特に仕事で問題になりそうな各部署の責任・権限や仕事の境界を明確にしました。それには発注者要求仕様書（全体で5〜60cmの厚さ）から、必要な「提出、報告、連絡、承認、検査、試験、記録」などの対応箇条を抜き出して一覧にした品質管理一覧表（**quality control schedule**）を作成し、各部署に割り当てました。

　では本当のギャップ分析とはどうするのでしょうか。作ったマニュアル等の文書の文字内容を規格と比較するのではありません。「仕事のやり方や会社の行事、社員や作業員への教育、目標の決め方、問題が起きた後の処置のしかた、記録の有効性、手順の必要性等が、規格に対して不足はないか」を判断することです。

　そうすれば、足りないところや、明確でないところが見えてきて、どう対処すればよいかがすぐわかるはずです。紙に書いた文章の問題ではないのです。もちろん、それを理解し必要な対応をしておけば、そのまま審査を受けられたはずなのです。

　しかし、実際には審査対応の別のしくみが出来上がり、「身の丈に合わない服を無理やり着ること」が求められてしまったのです。実は日本の会社は、審査のための準備をしなくても、ほぼ95％適合しています。杭問題をはじめとした不祥事、また会社が成長できていないという原因には、規格に対する不適合があったと思います。

　従って、ISO9001：2015で「規格が求める文書」が大幅に減じられ、基本的に会社の必要な文書に焦点が当たったことは非常に歓迎されることです

用語解説　JV：Joint Venture：ターミナル建設では、英中日で建設を請負った

ワンポイント　quality control schedule：日本語に翻訳すると「QC工程表」となる。イギリスと文化の違いが判る

なぜ役に立たない運用になってしまったのか

　これには日本人の国民性といえる、排他性、従順性、完璧性が関係していると思います。つまり第三者が会社の中に入ってきて、仕事のやり方を審査されるということに極端な抵抗がありました。最近では毎年ISOの審査員がやってくることに、だいぶ慣れてきたようですが、まだ審査員と本音で話をできない会社も多数あるかと思います。

　何より、認証取得の目的が、規格の意図である「MSの採用は、パフォーマンス全体を改善し、持続可能な発展への取組みのための安定した基盤を提供するのに役立ち得る、組織の戦略上の決定」を満たすものではなく、営業的な資格の維持のため否が応でも審査を受けなければならないという被害者意識があったように思います。

　結果として、本業の肝心なポイントは見せず、ISOコンサルが作ったしくみの維持に走ったことで、事務局が作られ、審査用の文書・記録を作るためのしくみとなってしまったのです。その結果、「紙の使用が増える」「簡素化したいが…」という本末転倒の習慣が定着してしまいました。

　このような認証の維持からは、「しくみを軽くしたい」、「ISO専任者を置く」、「審査前に総合点検する」、「費用の安い機関へ移転する」、「不適合を出さない審査員を希望する」というような本質とは異なる方向へ行かざるを得ない状況に陥りました。これでは、認証による向上が期待できるはずがありません。2005年頃、国土交通省が「ISO認証組織と認証のない会社との差があまり無い」という調査結果を出したこともそれを裏付けています。

　では、どうしたらこうした状況を打破できるかですが、審査に対する意識を変えることが必要だと考えます。つまり審査員は敵対する関係ではありません。審査員はあくまでも、企業の活動の実態が規格に適合しているかを客観的に判断するだけなのです。従って、審査の主役は企業自身です。如何に適合しているかを審査員に主張できるかは、企業の理解と力量です。この点については第6章でも説明しますが、経営者を含めて審査に対する考え方を変える必要があります。

なぜISOで杭の問題を防止できなかったのか

　ISO規格の意図は本来、不正を防止できる最低限の管理を求めています。施工記録から顧客に「心配ありません」と言えることが、本来の品質保証です。

　こうした品質保証のためのしくみが「ISO規格」で要求されているのですが、大変残念なことに、審査員を意識し過ぎたしくみの構築と運用が本質を見えにくくし、形だけを整える習慣を植え付けてきました。また、初期には審査員が鉛筆書きの記録を否定したり、型通りの記録や文書が無いと適合ではないという形式を認証組織に求めてきたという反省があります。

　2015年に発覚した**杭施工記録の偽造問題**は、ISO審査を意識した辻褄合わせの習慣から派生したと思わせるような、恐れていたことの一端が現れたと言えます。従来の取引習慣から、重要なチェックポイントの管理以外は下請けに任せてきているのが建設業の特性です。善良な信頼関係（あそこに頼めばきっちりやってくれる）が裏切られた結果になったことは残念ですが、ISO規格の意図を理解していれば、これらは未然に防ぐことができたはずです。第三者審査では、本来そのようなポイントの記録に対する信頼性等に焦点が当たらなければならないはずなのです。

　今後、現場に対する管理が一転して厳しくなることが予想されますが、逆に不必要なまでの過剰な管理も本末転倒というものです。当然、下請け業者の意図的な不正工事を防止するためには、元請け会社の社員には本来必要な管理の力量が求められると思います。しかし、経験が無くても複数本の**試験杭**を工事監理者と一緒に立会えば、管理ポイントは分かるはずです。

　これまで報道された事実から、ISO規格に適合していないと思われる要点を以下に考えてみました。最大の原因は、何と言っても「品質保証」ができる記録の考え方に誤解があったと考えます。

用語解説　杭施工記録の偽造問題：2015年に報道された横浜市のマンションの杭の不正による沈下問題を起点に、全国で多くの杭施工記録の偽造が発見された事件

ワンポイント　試験杭：最初の杭施工で支持地盤条件が設計図書と一致しているか、施工が計画通りに実施できるかなど、様々な施工条件が決められた通りに実施できることを確認するための呼称

■原因①記録を移し替える習慣がついたこと（"文書化した情報の管理"）

　「適合の証拠として保持する文書化した情報」が規格要求事項です。ISOが普及した時から工事記録をパソコン・ワープロで作成する習慣ができました。つまり、施工記録を後できれいに打ち直して工事報告書を作成し、提出することです。それを何の疑問も持たずに受け取る習慣がついたといえます。確かにその方がきれいで、見やすい工事記録や報告書になりますが、写し間違い等が発生しますし、辻褄合わせの記録の偽造という不正をやりやすい状況を作ったと考えます。これは杭に限ったことではありません。「記録が取れない」とか「取り忘れた」という時には、それを明らかにして関係者で適切な処置を取ることが本来の管理です。

■原因②現場社員が書類つくりで忙殺され、現場に立会っていない（"監視及び測定の対象及び実施時期"）

　発注者へ提出する書類の多さは、近年異常ともいえる状況です。そしてそれらは、大半はきれいにパソコンで作られているのです。従って、現場社員は工事の計画や打合せには出て行くものの、作業現場に立会う機会が非常に少なくなっています。

　現場で立会っていれば、支持層が予定の深さにないことはすぐ気付くはずで、下請け作業者の判断で勝手に作業の続行はできないと考えます。

■原因③その日の作業記録の確認をしていない（"製品及びサービスのリリース"）

　元請会社の社員が終日現場立会できないような場合には、少なくとも下請けの作業責任者の作業記録を確認することが必須となります。**オーガー電流計の記録紙**を見れば支持層にどの程度貫入しているかが分かります。当然、日々記録紙に確認したサインでもしておけば、流用はできないはずです。それも行われていなかったために、電流計の記録なしの状態が放置されたと考えられます。

👆ワンポイント　オーガー電流計の記録紙：杭の先端が支持層に規定通り貫入しているかを確認するためにオーガーモーターの電流値の変化で証明する記録

序章 ● なぜ ISO は建設業界では役に立たなかったのか？

■原因④杭工事担当の社員の認識が不足していた（"認識；品質MS要求事項に適合しないことの意味"）

　元請会社の社員の力量として、建物重量を受ける杭の重要性に対する認識がどの程度あったのか、実質的な教育・訓練がされていたのか、という疑問を感じます。"8.5.1製造及びサービス提供の管理"に該当する、"製品及びサービスの合否判定基準を満たしていることを検証するための、監視及び測定活動の実施"等の理解ができていなかった可能性もあります。しかしながら、工事監理者と一緒に杭施工の立会をすれば、初めてであってもその管理の要点は分かるはずです。

■原因⑤試験杭の立会におけるセメントミルクの計量キャリブレーション（"施工プロセスの妥当性確認、監視及び測定のための資源"）

　セメントミルクは、規定の比重を満たしているかがポイントですから、最初の試験杭の時には、計量器の**キャリブレーション**を行い、計量の結果比重が基準を満たしていることを確認します。施工時はその通りの計量をしますが、実際には数値がばらつきます。毎回の計量時にプラント操作担当者が手書きで記録できるはずです。自動計量の場合は記録がプリントされますから、その状況を元請会社の担当が確認することがポイントです。

■原因⑥下請けの責任者と工事の状態の連絡体制（"コミュニケーション"）

　すべての原因に共通するのが、適切なコミュニケーションができていたのかということです。建設業の文化である相互の信頼が維持されていれば、元請会社の社員が発見しなくても、下請けから報告されなければなりませんが、言いにくい雰囲気または言えない雰囲気がなかったのか、という疑問は残ります。

> **用語解説**　セメントミルク：セメントと水を混合して杭周辺の地盤と一体となるように配合した液体で、杭挿入前にアースオーガー先端から注入する
>
> **用語解説**　キャリブレーション：セメントや水の計量器が適切に作動して、表示値が正しいことを始める前に確認する行為が規格要求に該当している

■原因⑦顧客所有物の不具合の報告管理（"顧客所有物の管理"）

　設計図と支持地盤の違いが分かった時、速やかに顧客へ報告し、その記録を残すことが規格要求です。当然、元請会社が責任を持って協議をしなければなりません。もちろん実際の杭施工の作業者は、支持層が予定の深さに無ければ、その時点で元請会社に報告をしているはずです。

　通常は関係者が設計条件と支持層に違いがあればその状況を的確に把握し、その時点で、発注者に報告し、協議によってその処置を決定することが当然です。そのようなアクションが行われていれば、建物の沈下という問題は発生していなかったと思います。当然、設計変更の対象になるはずです。

■原因⑧他の人が必ずチェックするしくみの展開が不足（"内部監査"）

　ISOの原則は、自分の仕事を自分で承認（監査）できません。仕事の成果が適切であるかを別の人が監査する考え方がしくみの基本として確立できていれば不正は防止できますし、問題は必ず顕在化されるのです。

　外部の審査によって内部監査のやり方を固定的に儀式化する風潮が蔓延しました。結果として何の役にも立たない形だけの内部監査を会社に定着させたのは、第三者審査の欠陥として今後の反省事項です。認定機関や認証機関及び所属する審査員の認識を変えることが喫緊の課題と言えます。

　以上が、杭の問題を事例にした品質保証に最低でも必要と思われる管理のポイントです。

　筆者が工事監理をしていた時、杭の継手のカバープレートと杭を接合するためのボルトが締められていないという過去の告発の再発防止処置として、ボルト締め実施状況記録を求められたことがありました。ボルト締めが確実に行われたかの記録とともに、杭施工会社の社員にその日の作業をチェックリストに記入させ、電流計の記録紙とともに元請会社の担当社員が毎日確認してサインをしたものを、そのまま施工報告書として提出するようにしていました。

　たった、これだけのことですが、記録の偽造は防止できたはずです。

　この杭施工問題に対して、日本建設業連合会から既製コンクリート杭施工管理指針（案）が2015年12月に提案され、2016年3月に発行されました。また、国土交通省からは2016年3月4日付で「告示第468号」と「基礎ぐい工事にお

ける工事監理ガイドライン」が策定されました。原因に対する再発防止のしくみが確立されたことは、ISOの要求にも適合し、高く評価されてよいと考えます。

　次の第1章では、典型的な建設ISOの役に立っていないと思われる事例を取り上げて説明します。そこから、新規格への適切な理解と対応が見えてくるはずです。

第1章

品質・環境マネジメントシステム 建設分野の見直すべきポイント

　まだ多くの会社が、未だに導入時のトラウマから脱却できないまま、現在に至っていると思われる状況に遭遇することがあります。

　最近でもマニュアルに「管理文書」とか「非管理文書」あるいは「管理外」等のゴム印を押したり、必要でもないのに管理台帳への文書登録をしている事例を見るたびに、ISO9001：2000以前の審査の名残を引きずっていると思わざるを得ないのです。

　また、設計・開発は設計図を作成する業務に限定して適用するとか、"製造及びサービス提供に関するプロセスの妥当性確認"を**特殊工程**として別物扱いして、設計・開発と同じようにできるだけ適用をしたくないという会社が依然として多いようです。ところが、この二つは建設業には最も重要な要求事項なのです。

　一方、ISO14001では環境側面や適用される法令等のリスト化によって、活動が固定化されるばかりか、およそMSとは言いにくい結果の集計に留まる運用が多くみられます。このような、規格の意図を無視したしくみからは、改善や効率向上に結びつくはずもありませんし、認証を維持するメリットもありません。

　本章では、以上のような固定観念や誤解した運用を払しょくするために、ISOの規格要求の誤解や役に立たないと思われる部分について、例を紹介しながら

👉 ワンポイント　　特殊工程：ISO9001：1994の4.9の参考16にspecial processを特殊工程と呼ぶ注記があった

詳しく解説していきます。

1-1 台帳管理にはじまる偏った文書管理

　当たり前の文書管理要求であるにもかかわらず、ISOとなると特別な管理台帳による文書管理が要求されていると思われてきました。

　確かに台帳は、適切に活用・維持されるならば、すばらしい管理の道具です。昔から会社にある「工事台帳や顧客台帳、収支出納台帳」等は必要だからこそ作成され、維持されてきているはずです。ところが、審査用の文書管理を目的とした台帳は、それだけのために仕事が増えるなど本末転倒な使われ方でした。

　もし、少人数の会社で文書を台帳管理されているとしたら、本当にそれが必要な管理方法なのかをよく考えるべきです。なぜなら、MS規格は台帳の管理を要求していないからです。

　例えば、取引先台帳とか顧客台帳のように必要な時その都度、追加、修正、廃棄が記載されるような使い方や、長期保管を目的とした「記録保管リスト」等のような会社にとって必要な理由があるはずです。

　また、最近では会社のサーバーに重要な記録類が格納されています。こうした記録の検索は、自由にできるので、アナログ的な管理は時代遅れになってきたとも言えます。

　目の前にある文書や決まりきった書類のために作る台帳は、百害あっても一利なしです。配付の台帳も同様に、規格では要求していないので、本当に必要なのか考えてみるべきでしょう。

　以下に文書管理にまつわる不具合例を示します。

> 例
> ・顧客から文書の出し直しを要求された
> ・間違って修正前の報告書を出した
> ・使っている帳票が古いものであったために経理から再提出を求められた
> ・顧客から過去の物件の問い合わせに対応できる当時の要求事項等をまとめたものや当時の法、仕様書、参考図書、その他の規定類や記録が見つからない

　特に最近は、コンピュータウィルス対策が非常に重要になってきています。

メールの添付ファイルを安易に開いたために甚大な被害が発生する時代になってきました。その他には「持ち出したノートパソコンの盗難」などが、大きな問題になる時代です。これまで気にしていなかった新たなリスクがあるので、十分な情報の管理について見直されることをおすすめします。

1-2 誤解がある外部文書の管理

　規格は「外部文書」を特別に規定していません。いつの間にか「外部文書の管理」として、ISO審査での対応を目的にした管理方法（管理台帳や配付台帳）が見られるようになりました。

　管理の対象が「ISOの規格文書」とか、「法令集、仕様書、設計図」だけを台帳またはリストで限定的に管理することが、規格への適合と思われているケースに出合うことがありますが、そのような管理は規格の要求ではありません。

　基本的に仕事で使用する文書の大半は外部文書です。その必要な外部の"文書が必要な時に使えること"が規格の要求です。会社には無数の外部文書があるはずです。例えば、行政や関連団体、発注者からの図面や仕様書類、供給者及び利害関係者等からの通知、あるいは広告宣伝等、文書というより外部から入ってくる最新情報と考えます。

　最近は、企業のコンプライアンスがよく話題になります。どうやって法律や規制等に関する最新情報を得ているかを考えてみると、環境MS規格で要求されている"組織の環境側面に関する順守義務を決定し、参照する"ためには、まさに外部からの情報が重要になります。外部文書は、法律の改正通知のような最新情報をもたらしてくれるからです。それらが適切に会社の必要な部署に配付や回覧されて、はじめて会社としての対応が可能になります。もちろん仕事で使う文書が無ければ話になりません。具体的な外部からの情報の管理の悪さの例を示します。

> **例**
> - 行政等からの通知があったのに、それを知らないで問い合わせに行った担当者が恥をかいた
> - 法的な手続きの変更の通知があったのに、現場が知らなかった
> - 資格を取りたいと思っている社員に会社に来ている講習会や試験の情報が伝わっていなかった

このような不具合は、外部文書が必要な情報として、配付の管理が適切に機能していないために起こります。

1-3 不必要な記録（文書化した情報）の管理

「証拠としての記録（文書化した情報）」を審査員に見せるために、パソコンで書き直したり、日付やチェックマークまたは印かんを並べるといった行為は、記録の証拠能力を失うばかりか、杭の施工記録の辻褄合わせの不正のような問題に発展する可能性があります。

> **例** 検査の記録はどんなものであれば要求事項への適合の証拠及びQMSの効果的運用の証拠とみなせるでしょうか。検査を行った人が、検査時に①チェックしてきた図面やメモ、野帳や写真を見て、②検査記録シート等に転記したとします。この場合、①の記録の証拠能力が高いのは明白です。

移し替えた記録について、よく顧客に要求されて書き直しているという話を聞きます。それは、顧客の要求に応えた活動の記録にはなっても、真の記録はその元になったものであると考えるべきでしょう。パソコンを使って書き写したものは、記録としての価値が無いことは誰の目にも明らかです。

ISOの普及当初、書類が増えるということがよく言われました。それは書き写しの紙が増えたからです。その後、環境活動による紙の削減要求が厳しくなり、代わりに電子データとしてパソコンの記録メディアに移したというケースも多くあります。しかし、この電子化した情報が法的な効力を持つためには、最低でも書き換えができない状態とするとともにトレーサブルな情報（記録した人、日時、場所、対象等）がなければなりません。もちろん、あとからこう

した情報が書き加えられたりすれば、証拠となりません。

　将来、届くかもしれないクレームをリスクと考えて会社に必要な記録は残さなければならないのは基本です。当然、法的に要求される記録も含めて、通常は意識しなくても記録が残っているはずです。これからの社会は、企業の社会的責任が一層強く問われるので、その説明責任を果たせる証拠としての記録が今まで以上に要求されます。

1-4 目標は数値が無ければ達成度が評価できないか

　図1-1のように目標は努力して達成できる内容にすべきで、結果の評価方法を決めておき、改善効果が見えるようにすることがポイントです。しかし、達成度を評価するのは、必ずしも数値でなければならないというわけではありません。達成したことを、他の評価尺度に置き換えて判断することは十分可能なはずです。従って、目標はより具体的に表現することが重要になります。

　例えば、「無駄を排除する」を目標とした場合、これは「数値で表現しないと達成状況の評価ができない」という審査員の指摘が出ることが過去にありました。でも、改善効果は、経費や利益等に反映されることが多いので、無駄使い

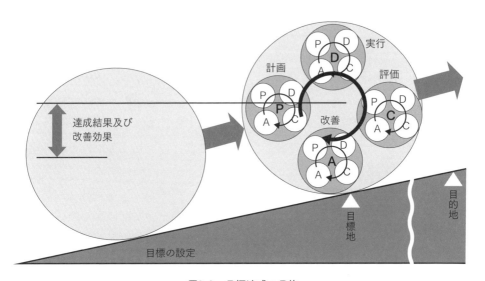

図1-1　目標達成の目的

をした金額を原単位で比較すれば容易に評価できます。

　逆に容易に達成できるのであれば目標に掲げる必要はないでしょう。仮に短期で達成してしまったら、次の目標へと変えていかなければ向上は期待できません。

　毎年、同じ目標項目も、それを維持するという意味では重要かも知れませんが、図1-1のように年度ごとにレベルアップができるように設定する工夫とか、年度ごとの固有の目標があってもよいのではないでしょうか。

　「達成すべき結果」という定義に基づいて会社全体、プロジェクト、プロセスや部署ごとにあるべき状態、意図する成果、運用基準など様々な形で表現することです。目標達成のために何をするのか"具体的な行動、必要な資源、責任権限、達成の時期、どのように達成を評価するのか"を計画で決定することが明確な要求になりました。従って、従来のスローガン的な目標やその管理のための定型様式からは脱却していく必要があります。定型の様式や数値が無くても、本当に管理していればその達成が見えると思います。

1-5 協力会社を後から点数で評価することが再評価なのか

　規格は評価点をつけることを求めているのではなく「評価して選定する」ことを要求していますが、いつの間にか工事が終わってから、その実績に評価点（2015年版ではパフォーマンスの評価）を付けることが、あたかも規格に適合しているかのような誤解が広がりました。ISO9001：2015では協力会社のパフォーマンスの監視から生じる必要な処置を取ることが要求として明確になりましたが、どこでもやっている当たり前のことです。

　ではなぜ、評価だけが審査対象として注目されたのでしょうか。それは規格の要求に基準を決めることがあったためです。

　「基準」は英語の「criteria」です。この意味は、例えば「工事範囲、数量、工期、予算、施工能力、工事の進め方、仕様、等の基準を明確にして適切に施工できる会社を評価して、選定する」ことです。当たり前のことに焦点を当てずに、別の評価項目に走ったことが、本質を見失った運用を強いる結果となったことは大変残念です。

また、再評価は「re-evaluation」で、「もう一度評価する」ですから、通常行っている最終値決めのネゴ交渉が、該当します。建設業では、毎回工事のたびに契約をするので、継続のための再評価は、めったにないはずです。長期的な契約や継続的に仕事を依頼するような時に見直しが必要であれば、その「基準」を決めて「再評価」することも規格の要求に適合します。規格は、「再評価の基準」を求めていますが、再評価だけを求めていません。

　仕事を終えた後からの評価は、分析及び評価で求められる監視・測定によって、会社として必要とするデータ及び情報です。例えば「表彰する」とか「今後取引しない」「…に注意する」といった次の行動を決める。または、次の見積のために単価等の見直しの資料として統計してはいないでしょうか。後で一生懸命点数を付けても、徒労に終わるようなしくみを維持する必要はありません。

1-6 顧客の所有物はリストで管理するのか

　知的財産を含む顧客の所有物の管理は当然のことで、どの会社でも粗末には扱うはずがありませんが、これを台帳とか、品質計画書に書かないと「不適合」ということも過去にはあったようです。もちろん、扱いが悪いとか、顧客へ迷惑を掛ければ当然、その始末をしなければならないので、普通はほとんど問題なく適合状態のはずです。

　実はこの条項をうまく使うと、見積時や変更等の際の証拠として有効な使い方ができます。

> **例**
> ①見積積算における質疑書です。これは規格の要求する「使用に適さないとわかった時には、その旨を顧客または外部提供者に報告し、発生した事柄について文書化した情報を残す」ことに該当します。また、工事中に発生した地中障害や敷地の問題、最近では土質に汚染が無いか、アスベスト等の有害物質が無いか等、様々な事柄があります。そのためには、最初の質疑書で明確にすることが重要です。その他にも、工事中に様々な問題や条件の違いが出てきますから、通常は「協議書」等で記録されています。

②工事範囲に既存の設備の改修や更新、交換等がある場合、それらの既存設備類は、すべて対象になります。こうした機器や材料類は再使用に耐えるのか、その数とか状態等発注者に立会ってもらう等して明確にすることが、規格の要求に適合します。

1-7 教育・訓練の記録には有効性の評価を記載しなければならないか

　規格は教育・訓練について必要な力量が教育・訓練によって付与できたかを評価することを求めているのです。過去の審査ではそれを無理やり教育記録書等に成果として書かせることもありました。これは審査員が形を追い求めるあまり要求したと考えますが、人の教育ほど時間と手間が掛かるものはありません。

　本来、教育・訓練の評価を記録書に書くのは難しいものです。従って規格要求は旧規格で"該当する記録"、新規格で"力量の証拠として、適切な文書化した情報の保持"となっています。"力量の証拠"の典型的な例は「辞令」です。辞令が無くても、発注者に現場代理人や主任技術者などの届を出していれば、それは会社にとっても重要な"力量の証拠"となります。

　"教育訓練などの取った処置の有効性の評価"そのものの記録は求められていません。これまでの教育・訓練及び経験に基づいて評価した結果、その力量の証拠として、昇格とか異動があるのです。このような制度を持っていない会社は、恐らく日本にはありません。

　環境では、社員もさることながら"直接環境パフォーマンスに影響を与える"作業員の新規入場者教育とか、毎朝の「朝礼でその日の必要な環境対応への注意指示で各作業員に必要な力量が示され、KY活動表に記載され、作業中の監視を経て終了時の確認を得る」ことが該当します。

1-8 測量機器は校正証明書が必要か

　計測した結果の数値に対する保証については、測る機器（道具）及び操作する人はすべてが不確かさ（誤差）を持っていることに注意しなければなりません。

ところが、ISOの認証が始まった時から、校正証明書がないと規格の要求に適合しないとして、建設会社が使用する測量機器の校正証明書が必須になったのです。それまでは校正証明書自体は無く、測量機器は整備時に校正結果成績書が付いて返ってきていました。実際には測量機器を使う現場で使用前後の点検が自然に行われており、「校正」に該当していたのです。

ISO認証ブームとともに多くの建設会社が一斉に校正証明書を要求したので、メーカーや校正事業者が混乱したのです。そこで、日本測量機器工業会が**JSIMA規格**を1998年に確立しました。2005年からは、測量機器の校正・検査をJSIMA規格にそって全国統一した校正・検査が行われるよう、信頼のおける内容の伴ったものとするために「**JSIMA校正・検査認定制度**」が制定されました。従って、現在は認定事業者へ依頼すれば、要求しなくても校正証明書が付いてくるようになりました。また、測量機器の整備技術も向上したことから機器そのものの精度上のリスクは非常に低いといえますが、逆に取扱いミスの発生リスクは高くなっていると考えられます。

校正結果成績書は、もともと点検調整時の機器の精度の状態を示す証明書です。それに対して、校正証明書は基準（校正会社の持っている標準機）と比較して固有の誤差以内におさまっている場合のみ発行することが決められていますが、精度に関する情報は何もありません。校正会社は要求された調整や点検の終了後、出荷時の機器の状態を日本測量機器工業会のJSIMA規格に従って確認したことを証明しているのであり、使用者に引き渡された後までは保証していません。従って、機器は一度顧客の手に渡った瞬間から校正会社の保証はなくなるのです。

そのため、実際には測量機器を使用する組織自身が、測量機器の校正の維持状態、つまり必要な測定値が得られるという手順、または方法を測定のたびに確立する必要があります。それが規格にある"要求事項への適合を検証するために監視及び測定を用いる場合、結果が妥当で信頼できるものであることを確

> **用語解説** JSIMA規格：日本測量機器工業会が、校正・検査事業者に対して点検、校正、検査を規定した文書
> **用語解説** JSIMA校正・検査認定制度：JSIMA規格に基づく校正・検査事業を行う販売・修理事業者が対象で、工業会の定める検査資格者と検査機器を有し、かつ必要な教育を受けた事業者を認定する制度

実にする資源を明確にし、提供する"に続いて"b）その目的に継続して合致することを確実にする"という要求事項に該当します。

つまり、使っている人が、機器の誤差や自身の取り扱いの誤差を絶えず修正しながら作業を進めることが基本的な手順です。一般にアナログの測量機器が自己校正機器と言われるのは、このような修正が可能だからで、野帳や杭等に出したポイント等は記録に該当します。

ここで校正について少し詳しく説明します。校正とは、英語で「calibration」で、目定め、度盛り；目盛り調べ、検度、較正（法律で使用）という日本語訳があります。

参考までに、JISZ9090規格の［測定－校正方式通則］では、4種類の基本が定義され、校正作業を「点検と修正」の2つの組み合わせとしています。

つまり、
- 点検と修正を行う校正方式
- 点検だけを行う校正方式
- 修正だけを行う校正方式
- 無校正の校正方式

があります。

ISO規格は要求された"監視及び測定"は何で、その精度や方法を明確にすることです。つまり、今から測るものが要求事項を満足して真の値に対してどうなのかを客観的に証明するために、「適切な精度の機器で測り、その結果が正しい」ことを説明できることなのです。

その使用する機器から得られた数値が国際基準等に照らして正しいといえるかがポイントです。

図1-2に示したように、機器から得た数値は「真の値」ではなく、真の値は「表示値（読み値）に計測の不確かさを加味した範囲」にあるのです。

ISOの要求は、簡単に言えば、「（少し大きめの誤差を加味しても）管理値の許容範囲以内なので、合格である」とか、図1-2に示したよう「誤差分を管理値から差し引いた範囲であれば合格である」と言うことで、社内管理値を決める根拠となることです。他には表示値が直接印字されたり、証明機関の証書によって機器の精度が保証されている（誤差を無視できる）場合は、機器そのも

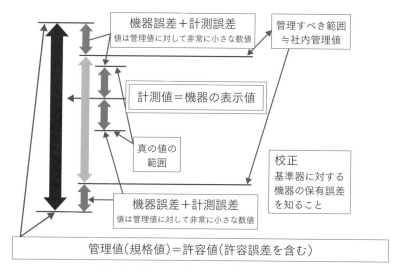

図1-2　測定の不確かさ⇒（ばらつきの管理）

のの精度管理ができていれば、そのまま読み値を使っても問題ありません。以下、測量機器の取扱いの例を説明します。

> **例**
> ①通常、使用しているレベルの固有誤差が±20秒の時、もしレベルの水平軸が30秒狂っていればどうでしょうか。10m先で真の値より1.45mmの誤差が生じます。機器の固有誤差が±20秒ですから機器の固有誤差を考えれば0.5mm～2.45mmの範囲に真の値があることになりますが、一般的な工事では実用上あまり問題になりません。しかも、レベルの場所を変えて再度複数回チェックできれば、場合によっては、より真の値に近いポイントを得ることが可能です。もし、機器の精度が高ければ、複数回の確認作業を省略することができ、墨出し作業が楽になると言えます。
> ②セオドライト等を使用して角度を測量する場合、**180度正反**や90度・270度正反作業によって、絶えず真のポイントを把握できます。角度は国際基準もないので、正しい機器の取扱いをすれば、機器の校正状態に頼る必要はありません。また、多くの場合直線状のポイントを得るだけであれば、校正証明書は必要ありません。
> ③トータルステーションのような、距離や座標をポイントとして確定する場合、機器が表示する数値の信頼性と使い方が間違っていないことが大原則ですが、

測定距離に関係なく機器の誤差が一定である（±2㎜～5㎜）ことを理解しておかなければなりません。一番、気をつけたいのが人的な操作における誤差及び入力操作ミスです。最近の機器は、製品自体のばらつきも小さく、どちらかと言うと、機器の誤差よりも扱う人による誤差の方が大きく出ることがあります。機器の校正状態を知る必要もありますが、事前に使い方の確認も含めて、計測の方法を確立しておくことが重要です。土木の橋梁の位置や高さを出すような場合には、この方法の確立は旧品質規格"7.5.2　製造及びサービス提供に関するプロセスの妥当性確認"に該当することの理解が望まれます。過去に発生した測量ミスの多くは、この手順の確立とトレーサビリティ記録の不備であると思われます。

④ノギスや直尺、スチールテープ、温度計等、製造した時にすでにその誤差が固定され、目盛等はいくら校正に出しても変わらないのに、毎年校正に出しているという声を聞くことがあります。校正の意味が理解できていないと、このような費用の無駄につながります。建築で鉄骨会社のスチールテープと合わせてその誤差を確認するのは一種のキャリブレーションで、双方の計測誤差を知るために必要な確認行為です。これらの測定機器は、P.22で紹介したいわゆる無校正の校正方式に該当するので、曲がったり、擦り減ったりして使用に適さなくなった場合には廃棄する機器です。

　ISOの導入以降、「校正」に対する誤解と校正証を求める過度の対応が見られました。専門的な検査・試験機関があるので、測定の結果で品質の保証や環境法規制の順守を証明する必要がある時には、こうした専門機関へ依頼するのが普通です。それに比べると建設会社が保有する機器は、自身の適合性の監視目的に過ぎません。過度な管理は要求されていないのです。

　ISO/TC176からの助言「中小企業のためのISO9001何をなすべきか」（日本規格協会）では、「機器の過度な管理」を戒めています。規格の要求を理解せずに、何でもかんでも高水準の管理をしておけば問題ないという管理の方法も考えられますが、費用はバカになりません。

用語解説　180度正反：トランジットの回転軸がずれている場合、前視と望遠鏡を反転した後視のラインは一直線にならないため、機器を180度回転させて、再度、前視・後視を行って、機器の精度の確認と直線上のポイントを求める行為

1-9 鉄筋圧接と鉄骨溶接は特殊工程か（プロセスの妥当性確認）

　この考え方は規格要求にまつわる典型的な誤解といえます。

　鉄筋の圧接は公益社団法人日本鉄筋継手協会が、その工法、バーナー等の開発、施工の手順、試験方法、必要な知識に基づく資格要件等を決めています。当然ながら日本の学識経験者、施工会社の研究所員、業界の技術者が集まって作っていますから、行政もその資格基準を認めているわけです。つまり、プロセスの妥当性の確認は、公益社団法人日本鉄筋継手協会によって行われているので、そのユーザーである建設会社は、資格保有者が決められた手順通り施工されていることを確認するだけです。同様に溶接は、一般社団法人日本溶接協会が技量や知識の資格付与を掌握しています。

　どちらも、決められた手法や、機器を使って行わなければならないのでプロセスの妥当性の確認が済んで工法が確立しているのです。ただし、溶接は現場によって様々な施工条件が関係するので、事前に鉄骨製造工場で溶接工の技量の確認と溶接条件を決める場合があります。この時はまさしくこの規格要求に該当するプロセスがあり、手順や溶接条件等が決定されます。実施段階では決められた手順に従って施工する必要があります。

　詳しくは第2章で説明します。

1-10 内部監査員の資格に外部研修は必須か

　いつから、このような誤解が蔓延したのかは分かりませんが、内部監査員の資格要件に外部研修の要求はありません。ISO9000：2005では「監査する力量を持った人」でしたので、研修を受けたといっても、当然、監査力量の無い監査員では、以下の内部監査の目的は果たせません。

> a）　次の事項に適合している
> 　1）　品質MSに関して、組織自体が規定した要求事項
> 　2）　この規格の要求事項
> b）　有効に実施され、維持されている

基本は、会社の業務に明るく、規格の要求を知っていることが必要ですが、どちらかと言うと、規格の要求よりは会社の業務に通暁していなければ、会社のしくみを変更することはできません。"この規格の要求事項"があるので、ある程度は規格要求に対する知識を持っている必要がありますが、それも限度があります。

　あえて言えば、そのために外部の審査員が毎年定期的に訪問するのが、この第三者審査制度です。そこで、適否を判断しても問題はないわけです。

　また、第三者審査で不適合とされた会社のしくみを変えるのは、審査員ではありません。会社の役員または幹部社員のはずです。

　つまり、内部監査員として最も適任なのは、経営者を含む幹部社員です。具体的な監査活動や要求される記録については第2章で詳しく説明します。

1-11 内部監査をダメにするもの

　内部監査は実際には非常に重要な活動ですが、企業活動の中で有効に行われているケースに出会うことは残念なことに稀です。ISO認証審査用に確立された内部監査は、初めは教えられた通りに計画書やチェックリストを作り、見よう見まねで学芸会のように演技して記録を作り、審査員からの指摘に対する是正処置を含めて、審査準備をしていた企業が多いと思われます。

　回を重ねるたびに、年度行事のように行われていることから、慣れによるぎこちなさは無くなってきたと言いながら、これではまったく役に立たないと思うことが多々あります。以下に、その典型例を示します。

> 例
> ① 規格の要求事項に沿ったチェックリストを作成して確認する内部監査
> 　内部監査員も監査される側も双方ともに規格の意図を理解していれば別ですが、規格要求の意味も理解しないで規格要求事項をチェックリストにした監査では、表面だけの有り無し確認となってしまい、改善のポイントは見えてはきません。ただし、導入時に審査前に行う「ギャップ分析」を兼ねて行う時だけは、この手法が有効です。
> ② 監査結果にランクを付けて、対応を加減（修正、是正）する内部監査

双方がランクを気にするために意見の衝突が起こり、最悪の場合、監査側と被監査側相互の感情的な対立や「監査ごっこ」というゲームになりやすくなります。
③　内部監査員の資格を外部の研修機関が実施する内部監査員研修の修了者に限定すること。その研修で監査する力量が付いたかどうかを評価できていなければ監査のまねごとになってしまいます。一般的に監査できる力量があるのは役職者であり、会社で一番監査する力量があるのは経営者自身です。
④　現場、現状、現物を見ずに書類の「有り・無し」の監査
監査員の力量が無い時に見られます。形式だけの監査にしかなりません。
⑤　常に監査される側の悪さだけを見つけようとする監査
発見した何らかの不備に対してすべて修正を求めることは規格の意図に反します。もちろん、必要であれば修正するのは当然ですが、その不備が会社にどのような影響を与えるのか、しくみを改善する必要が無いかというように展開するべきです。不備の程度にもよりますが、細かなことまで「見つけたぞ！　いついつまでに修正しろ！」という監査なら、やらない方がよいのです。

1-12 なぜ著しい環境側面は点数で決定するのか

　建設業界の環境MS導入に当たって、数千項目の環境側面を取り出し、それに発生の頻度とか重大性、影響度の大きさ等の係数を乗算して著しい環境側面を計算式で決定する手法が広がりました。管理のポイントを客観的に抽出できる手法ではありますが、一度決めてしまうと今度は身動きの取れないことになるというジレンマが生じました。
　つまり、紙の消費、電力の使用、廃棄物の発生の方が、地下水の汚染や騒音・振動、地山の崩壊、アスベスト等の有害物質の飛散、汚泥の流出等よりも点数を高くできるのです。
　建設業は、様々な工種の工事から構成されますので、短期間であっても、確実な計画と運用管理をしなければ、周辺に与える環境影響を防止できません。現場ではそうした活動を行っているにもかかわらず、紙・ごみ・電気だけを著しい環境側面として、環境目標に取り込み、その実績を集計することが行われました。残念ながら、これではMSと言えませんが、多くの会社も審査員もそのことに気付いていません。
　管理の手法としてはすでに確立した安全と同じなのですが、なぜか環境MS

となるとその対象が紙や電気といった事務系の業務に集約され、オフィス活動がすべてであるかの錯覚がまだ残っているようです。以下に、これぞ環境MSとも言うべき例を紹介しましょう。

> **例**
>
> ある現場で、重機の移動・稼働時に発生する振動が、近隣住戸に響いたことから、住民から行政への通報がたび重なり、工事の進捗に影響が出ていました。当然ながら「騒音・振動の低減を図りクレームを防止する」を目標に挙げていましたが、実際どう管理するかという点で具体的な活動にはなっていませんでした。
>
> というのは、重機による「どのような作業（著しい環境側面）」の時に振動が大きく伝わってクレームとなっているか」を把握していなかったからです。つまり、「著しい環境側面を決定できていなかった」のでクレームになっていたわけです。このような場合、「管理すべき著しい環境側面である振動」について具体的な管理の方法を確立するのが環境MSです。まず、
>
> ①近隣の住民がどのような振動を受けた時にクレームになるのかを調査する（著しい環境側面の決定）
> ②重機の場所、住戸との距離、作業の程度、周辺の環境条件から、住民が耐えられないと感じる運転条件を運転手とともに振動計等で確認し、機械の操作上の条件を決める（運用管理手順の決定及び伝達）
> ③その条件内であれば、特に対応する必要はないが、どうしてもその条件を超える作業がある場合、直接住民に事前説明し、協力をお願いするか、避難していただくしかない（外部コミュニケーション）
> ④このようなケースでは、住宅がたび重なる振動で不等沈下しかねないので、早期に建物の状態を調査しておくこと（予防処置）が事後のトラブル防止になる

何より、住民との密接なコミュニケーションによって、施工者への理解を得ることも可能になります。こうした活動が災いを転じて福となす「工事評価点」や「表彰」にもつながるばかりか、このような活動こそが本当のMSです。排出される廃棄物の量を毎月集計するだけでは、MSにはなっていないことを理解すべきです。

1-13 環境側面に関連する法規制のリスト化が適合か

「環境側面に関連する法律名を登録する」や「登録した法リストに年一回チェックを入れる順守の評価」といった方法が一般的に定着していますが、環境側面と同じように、一度作成してしまうと変更しづらいようです。また、このようなリストが無いと、「全社員に共通の理解が得られない」や「該当する法令に気が付かないかもしれない」という懸念を審査員から指摘されるようです。

よく審査で「リストには事業活動に該当する〇〇法の〇〇条が登録されておらず特定することが望ましい」とか「対応している〇〇がリストに特定されていなかった」といった指摘を見かけます。外部審査という費用のかかる場で、結果として法登録リストの見直しや順守の評価項目の過不足が指摘されるというような、本末転倒の繰り返し状態になっています。

そもそも、「該当する法を一覧表に登録する」ということ自体、規格の要求ではありません。法を参照できて、その適用を決めるだけでよいのです。そうすれば当然、次のアクションとして、手続き関連書類である申請書や届出、報告等の"文書化した情報"が作成されるのです。

規格の意図は、「順守すべき法の具体的な対応事項」、発注者やその利害関係者等からの「その他の要求事項」を明確にして適切に対応することであり、ISO14001：2015においても"順守義務"となりましたが、その原則に変わりはありません。

また、このような「法律のリスト」がないと審査で不適合を受けるという話を聞きます。そんなことはなく、そのような指摘をする審査員は多くはないはずです。なぜなら法律等のリストがないために法律違反が発生することはありえません。法律リストに登録されているからといっても、実はその規制の詳細を知らないということの方が問題なのです。

ただし、人は時にこのような表を作っておけば安心という、審査を受ける時の錯覚があると思います。表に頼るしくみからの脱却が課題でしょう。

1-14 法順守の評価は、リストに年に一度チェックを入れることか

環境MSの"順守評価"では、従来、"法"と"その他の要求事項"に分かれていましたが、ISO14001：2015で一つの箇条要求になりました。

"順守義務"に対するチェックの必要な頻度、次に"必要な処置"をとり、その結果としての文書化した情報を証拠として残すことが要求されています。法を順守しているという「証拠としての記録」は、法律リストに年1回チェックを入れることではありません。「○」や「✓」ならいつでも誰でも入れられるので、順守したという証拠にはなりません。

法律やその他の要求事項の順守評価の結果の記録は、実態が順法なのかに尽きます。そのためには、当然、どのような状態が順守されている状態なのかを知っていなければなりません。

以下に、"順守評価の結果の証拠"に該当する例を示します。

> **例**
>
> ①産業廃棄物の処理でマニフェストを発行し（http://www.shokusan.or.jp/manifest/main/nagare/ に解説図があります）、その処分が終わってB2,D,E票が戻ってきた時にA票と照合した日の記録は、"順守評価の結果の証拠"になります。もし、A票を切らずに綴じたまま渡していたら、その時点では「法律違反」になります。そのまま綴じていたら、法律違反の証拠が残ることになります。
> ②年に一度、都道府県知事宛に提出する「産業廃棄物管理票交付等状況報告書」もまた、"順守評価の結果の証拠"としての記録です。もちろん「工事に伴う届出」や「許可等の書類」、「法律で定められた建設機械の点検記録」等はすべて該当します。
> ③法律以外の「発注者や利害関係者の要求」や「技術提案等で約束した事項」を順守することは、当然であり、それらはどのような時に評価し、記録されるのかを考えてください。「打合わせ」や「対応した報告等の記録」があるはずです。

1-15 マネジメントレビューは、年1回審査の前に行うのか

　マネジメントレビューという言葉が入ってきた頃、規格箇条のインプット項目に対して知恵を絞り、経営者のコメントを書くために、審査の前に会議を開き、その記録を作成することが流行しました。まさに審査員に見せるための資料作りです。それからもう20年近いことから、会社の年間行事として立派に定着が見られるようになってきました。

　最近では、経営者が入る定期的な事業の進捗を報告する会議体等で、様々な注意や決定をすることがマネジメントレビューという位置付けに変化してきています。しかし、まだ審査前になって、管理責任者が資料作りに奔走している姿がなくなっているわけではありません。

　規格のアウトプット要求とは具体的な決定事項です。経営者が普段から行っていることで、何も特別なことではありません。以下に例を示します。

> **例**
> 会社の適切な運営のために、通達文書類や連絡事項の発行人の採用や人事異動通知、組織の改編、協力会社の選定、営業戦略の決定、営業所等の拠点の改廃、新年度の挨拶文または所信表明文書、経営計画書、実績報告書、特定の顧客宛の文書やCSR等の対外文書の作成・承認、業務の効率化の指示、資機材の購入・廃棄等、数々の承認・決裁行為、目標が達成されていない時の処置など

　規格はこうした"証拠としての文書化した情報"を求めていますが、何もそれを改めて作る必要はありません。決定に至る様々な文書や決定した後で改めて発行される文書で十分なのです。

　従って、審査の前になって慌てて会議をする必要は、まったくありません。まだこうした習慣が残っているようでしたら、見直されてはいかがでしょうか。

　ただし、「ISOの認証以来、年度のまとめとして実に有効な見直し資料となっている」という評価もあるので、すでに定着した活動は、会社の判断で維持する必要があるかもしれません。詳細は、第2章に記します。

1-16 不適合が発生したら、是正処置と予防処置をしなければならないか

是正処置と予防処置の規格要求の内容や構成が類似していたためもあり、一次は是正処置のあとで予防処置が必要という誤解がありました。2015年版で、予防処置の箇条がなくなりましたので、是正処置の後で予防処置報告書を作成する必要が無いことが明確になりました。MS自体が大きな予防処置であるということがはっきりとしたのです。

不適合に対する是正処置はその時点の問題を解決できる程度に見合った処置でよく、程度の差はあっても、何回でも是正処置が続くことがあり得ます。

> **例**
> 「踏切事故を防止するためだからと言って、初めから立体交差にはなかなかできない」ものです。従って、再発防止が大切と言いながら、現実は再発が繰り返され、ようやく立体交差という最終解決策ができると考えてください。このことは人の世では一般的なことなのです。

ISOは理想を追いかけるしくみではありません。むしろ動きたくないという人の背中を押すしくみとして機能することが基本だと考えています。

Column　翻訳の問題

翻訳されたJIS規格は日本工業規格として、工業標準化法に基づいた翻訳のルールがあり、残念ながら原文の意図を的確に伝えることができていません。

規格の用語そのもので、困惑するような場合は規格書の巻末の解説にある"4.2この規格の審議中に問題となった事項"を参照して下さい。翻訳作業における配慮事項がよくわかります。

以下に規格の意図の理解を深めるために訳語について説明します。

①design/development：設計・開発

このように訳されたために「設計」に限定した理解をしやすいのですが、「デザインし、開発する」と考えると設計以外でも様々な業務にデザインがあることに気が付きます。残念ながら工場標準化法の翻訳上の制約で「デザイン・開発」とはできないようです。純粋に設計業務だけに適用が

要求されているとは考えないようにしたいものです。

②demonstrate：実証する

表現する、表す、実物で教える、証明してみせる、実証する等、多くの日本語に訳されています。規格では実証の"文書化した情報"は"8.1e) 製品及びサービスの要求事項への適合を実証する"及び"8.3.2設計・開発の計画j) 項で設計・開発の要求事項を満たしていることを実証するために必要な文書化した情報"が要求されています。5. リーダーシップでは、"文書化した情報"の要求はありませんが、必要に応じた文書化や普段から表明しているということでも適合していると言えます。

③determine：決定する、明確にする

2015年版では各所に多用されました。これは頭の中で決めるという原語の意味があります。従ってJIS版では、この二つの訳語が混在しています。でも日本語から受ける印象が、この二つの用語では大きく違うと思います。ここはあまり考えずに、すべて「明確にする」というニュアンスの強さが異なると考えるとよいでしょう。

「決定する」と訳されているところは、当然明確になったために次の行動につながるはずなので、明確⇒決定と理解する方が自然です。

もちろん、明確になれば放置はできず、何らかの行動があるので、そこに決定した証拠が残るはずです。決定したことそのものの記録は要求がありません。審査で求められたら、説明すればよいのです。

④identify：同一に扱う、同一であることを見分ける、特定する、識別する、明確にする、識別する、特定する、抽出する

かなり幅の広い意味を持っています。品質規格では、「識別する」という訳語が使われています。旧環境MSでは環境側面や法的その他の要求事項の「特定」という表現になっていましたが、ISO14001：2015では"determine"に変わり「決定する」となりました。

⑤unique identification：一意の識別

この語は日本語の方がよく分かりません。英語の語感ですと「独特の区別」とか「唯一の」というような普通とは違う識別という感じが分かると思います。

第2章

ISO：2015年版の概要と意図を読み解く

2-1 ISO：2015年版のねらい

　この章では、規格の箇条に従って説明します。規格の要求事項は要素ごとにまとめられた構成となっています。一方、実際の企業活動は継続して発展していく目的があって、その達成のために様々なリスクを排除しながら活動をしていますから、規格の箇条通りに仕事はできないのです。

　認証組織の維持年数が長期になるとともに、運用の効果や価値に焦点が当たり始めました。2006年7月にJack West氏がQuality Digest誌に「肝心なのはアウトプット」として「ガラクタ製品を生産していても、ISO9001適合の優秀な品質マネジメントシステムを構築することはできる」という内容の論文が発表され、世界的な問題として取り上げられたことが、「はじめに」で示した「共通の中核となるテキスト」の開発であり、今日の規格改訂につながっています。

　日本では2007年に、JABから「マネジメントシステムに係る認証審査のあり方」というガイドラインが出され、その後2009年7月に、「IAF-ISO共同コミュニケ：ISO9001及びISO14001に関する期待される成果類」という文書が発行されました。これらの文書の意図は、企業が"ISO 9001"または"ISO 14001"を適用する時、製品やサービスの品質を日々管理し、改善するとともに、環境への配慮を日々向上させ、不幸にして万一発生したミスを迅速で的確な対応により、最小限にとどめる努力を継続することが、認証による成果であるということが解説されています。

こうした流れを受けて、2015年版では規格が「成果」について、「認証（運用）によって期待される（組織の意図する）結果」を要求するという、規格側からのアプローチとなりました。これまでの「手順通りに行うことによって品質保証ができる」という考え方から、「運用の結果が組織の成果に結びつくことが適合である」ということに主眼が置かれたのです。

　ではその「成果」を具体的な企業活動に置き換えるとどうなるのか。図2-1にその一例を取り上げてみました。

　いかがでしょうか。品質も環境も似たような内容になりました。要は考え方の問題ですが、「運用の成果」をどのように考えるかは、それぞれの企業にお任せしますが、こうした成果を実感できるためには、どうすればよいのかを考え

品質マネジメントシステムの成果

1. 顧客の信頼を得て、持続的な発展の継続
　→予定利益の確保、継続的な取引、計画的な組織体勢の維持、変化する社会への適応

2. 無駄の削減及び生産性の向上
　⇒パフォーマンスの改善、ミス発生の低減

3. 人々の積極的な参加
　⇒社員の意欲、実感、不祥事の撲滅、良好な情報交換

4. 順守による組織自身の保護
　⇒適切な証拠としての記録による順守の実証

環境マネジメントシステムの成果

1. 会社のイメージ向上に伴う事業の円滑運営
　⇒汚染の予防、クレームの減少、事業への協力・支援を得る

2. 利害関係者へのパフォーマンスをアピール、他社との差別化による受注力アップ
　⇒情報・アイデアなどの発信、感謝状、高評価、継続的受注

3. ミス防止による内部コストの低減
　⇒利益の確保、無駄の削減

4. 社員の意識・意欲・良識の向上、生産性向上、発生したミスによる環境影響の最小化、法・その他の要求の順守、社会貢献

図2-1　品質マネジメントシステムと環境マネジメントシステム運用の成果の一例

ながら読み進めてください。

2-2 ISO2015年版の主な箇条の概要

　2015年版においては、マネジメントシステム規格の箇条構成が同じ並び方に統一されています。従って、この章では、品質と環境の共通部分に㋕、それぞれの独自要求は㋺、㋩と表示し、規格文からの引用個所は" "で表示します。随所に例を示しながら説明をしていきますが、通常行っている会社業務は複数の要求箇条を満たすことがありますので、そのすべてをカバーできないこともあらかじめご理解ください。このようなまとめ方にした理由は、近年多くの企業が品質・環境の認証を取得されていることから、会社の業務との一体化の可能性を示すためで、規格の考え方や具体的な事例を、品質や環境に区別したくはなかったからです。

4. 組織の状況 ㋕

4.1　組織及びその状況の理解 ㋕

　4.1及び4.2は、すべてのMS規格共通に新しく加えられた箇条です。

　元々は2008年版の序文0.1「一般」で、"組織における品質MSの設計及び実施は、次の事項によって影響を受けるa）組織環境、組織環境の変化、及び組織環境に関連するリスク、b）多様なニーズ"とあり、今までは規格の要求としては表現されていなかっただけです。

　当然と言えることですが、この要求事項は後に出てくる"6.1リスク及び機会"を導き出すための前提と思えばよいでしょう。文書化の要求はありませんが、通常は以下の事例に示すような"文書化した情報"を目にすることがあります。

> **例**
> "組織の目的"は、経営理念、社是、行動規範等、ホームページや会社案内・パンフレットに記載されていることが多いので、事前情報としてその内容を話題にして経営者面談等で説明すればよいでしょう。また、経営層が日常考えている「組織の目的を達成するための課題」を社外環境と併せて、現在の課題や取組み状況、これからの予定等を説明することで適合の判断ができます。

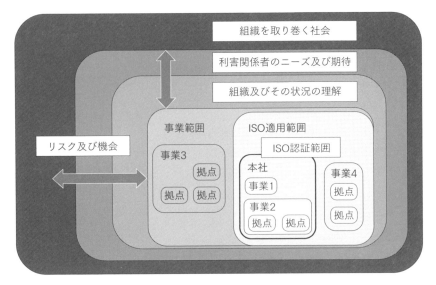

図2-2　組織と社会の関係

図2-2にその関連を図解してみました。"リスク及び機会に囲まれた中で事業の計画、目標、マネジメントレビュー"における課題を適切に導きだすための箇条です。

4.2　利害関係者のニーズ及び期待の理解 共

改めて説明することもないと思いますが、会社の活動に影響を与える発注者や協力会社等を含む関係者の状況や思惑を考慮して、マネジメントの方針や方向性を導く考え方の導入部分です。

大きく取り上げれば「会社の年度の計画や期中、四半期における舵取りの方向性を決定する場合」と、「個別の工事案件に対する取組みの決定」に影響を与える事項です。

最近は労働者不足から、受注前にある程度の労務提供先を確保しておかないと受注してから大変なことになるので、どの会社でも受注前に自然体で考慮していると思われます。規格は"文書化した情報（記録）"を求めていませんが、検討していれば何がしかの痕跡は残ります。

環境では、この段階で"順守義務"を明確にしておくことが盛り込まれまし

た。また、長期的な展望に対する具体的な計画（例えば中長期計画、人事採用計画、技術開発や強化すべき具体策）等のもとになる要求箇条となります。当然ですが、4.1同様"リスク及び機会、計画、目標、マネジメントレビュー"に関連します。

　これら二つの要求箇条の関連を図2-2に示しています。時間の流れや周囲の状況の変化によって、経営者がどのようにステアリングを切っていくかという意味で重要です。従って、年に1回だけ決めればよいとか、固定的に考えるのではなく、その場・必要な場で変化していき、取組むべき課題の「源」になると考えてください。

4.3　マネジメントシステムの適用範囲 共

　すでに認証を取得している場合、マニュアルがなくても、認証機関の登録証にはこの規格要求を満たす"文書化した情報"があります。従来のマニュアルに記載したままでもよいので、改めて文書を作成する必要はないでしょう。

　ただし、認証を第三者機関から受けている場合の「認証範囲」と「適用範囲」は異なることがあります。適用範囲は、組織の目的を達成するために決めるものであり、認証範囲は組織の戦略的な決定で、認証機関との契約の範囲です。注意すべきは、認証範囲は適用範囲を超えて広げることはできません。関連を図2-3に示します。

　この要求は、これまでのISO9001規格が品質マニュアルの中で規定していた

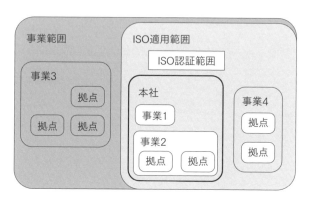

図2-3　認証範囲と適用範囲の関係

ものが、品質マニュアルの要求が無くなったために独立箇条となったと考えてください。

環境では、旧規格の一般要求事項4.1に加えて、

> "EMSの適用範囲を決める時に
> ⅰ．外部及び内部の課題、
> ⅱ．順守義務、
> ⅲ．組織の単位、機能及び物理的境界、
> ⅳ．活動、製品及びサービス、
> ⅴ．管理し影響を及ぼす組織の権限の予備能力を考慮して、境界及び適用可能性を決定すること"

が要求されました。このことは、安易に取組みやすい「紙、ごみ、電気」を活動の対象にすることへの警鐘になっています。

その点で、事業範囲等も含めて適用範囲が適切なのか、品質では"8.3 **設計・開発**"等の適用除外や部署等の除外がある場合は本当にそれでよいのか、という観点で見直されることを推奨します。その理由は、設計・開発の要求が、目新しい要求箇条の"8.5.1 g）ヒューマンエラーを防止するための処置"として、非常に有効であるとともに、実際には業務の中に適合したプロセスがあるからです。

第3章で詳細に説明しますが、「面倒な記録要求が多いから…」というのはまったくの誤解です。

4.4　マネジメントシステム及びそのプロセス 共

この箇条は、規格全体について概要を説明している部分です。従って、実はこの箇条を一つずつ審査で聞かれても答えようがなく、マニュアル等に記載する意味もあまりないのですが、ここに書かれているのが規格要求の概要であるということを理解してください。

例えば、年間の総決算等から、次年度への展望を考えるような時に、一度チェックされると役に立つかもしれません。しくみ上の改善ポイントが浮き出て

> ワンポイント　設計・開発：ISO9001：2000の解説には"どこまでが設計で、どこまでが開発かを区別することは難しいので、設計・開発で一つの用語として扱うことになった"という説明があります

くる可能性があります。

　審査においても、全体の取りまとめのところで、この箇条要求が満たされているかどうか、総合的な判断に使われます。

5. リーダーシップ 共
5.1　リーダーシップ及びコミットメント 共
5.1.1　一般 共

　トップマネジメントに対する要求事項ですが、社長に限定した要求ではありません。会社の規模によっては、部門の長、部署の長等、通常管理職と呼ばれる方に共通の要求事項と考えてください。かなり箇条数が増え、強化されました。とは言っても、社長や役職者にとっては当然、日々熟考し対応されていることで、今までの規格に表現されていなかっただけです。目新しい要求は、"a)　QMS（EMS）の有効性に説明責任を負う"と"c)　組織の事業プロセスへの品質（環境）MS要求事項の統合を確実にする"で、かなり強い表現が入りました。

　これにより管理職は、「仕事とISOの要求を一致する」ことを自ら宣言・行動し、「今の仕事の進め方が有効であること」を社員に示さなければなりません。当然、審査のために作ったしくみの運用や維持は、自己矛盾することになり、不要なしくみの排除が進むことが期待されます。記録の移し替え等も止めなければなりません。発注者要求に従うことは当然のことです。

　規格箇条の"確実にする"には、その責任を委譲して「確実に」することは可能ですが、その他の"促進する、担う、支援する"等は管理職が自身で実施しなければなりません。MSを有効に機能させるために必要なポイントと考えてください。

5.1.2　顧客重視 品

　従来と基本的に同じです。"トップを中心に会社として顧客要求・関連法令を満たし、顧客満足向上のために影響あるリスク及び機会に取組むことを実証する"ことが求められています。前項"5.1.1一般"と同じ意図ですが、特に「顧客満足」に関する独立した項とされたようです。

5.2 方針 共

5.2.1 品質方針の確立・5.2.2品質方針の伝達 品

　品質では「確立」と「伝達」に分けられましたが、品質方針の基本要求は変わりません。文書化要求も同じです。

　新しい用語"…戦略的な方向性を支援する"が入りました。

　"戦略的"はこの他に、"4.1 組織及びその状況の理解"、"5.1.1 リーダーシップ及びコミットメント　一般"、"9.3.1 マネジメントレビュー　一般"に使われています。

　環境と同じように利害関係者が入手可能であることが示されました。

　環境の方針も文章表現は一部変わりましたが、基本的には同じです。

5.3 組織の役割、責任及び権限 共

　品質・環境共通で「管理責任者」の呼称が無くなりましたが、これまで担っていた"管理責任者の責任及び権限"の役割を割り当てることは引き続き要求されています。従って、従来通りに管理責任者を任命することは問題ありません。規格が「管理責任者」というISO独特の名称を使わなくなっただけです。

　なぜ「管理責任者」の呼称が無くなったのか。この理由としては、規格編成作業の中で経営者が「ISOは管理責任者に任せているから、彼に聞いてくれ」という弊害を防止することを目論んだとも言われています。世界的なISOの普及に伴って、形骸的な運用が問題視されたことに、その理由があるようです。つまり、経営者自身に対する逃げ場を断って、会社の業務そのものとしてMSを運用することを求めていると理解する必要があります。

　"5.1 リーダーシップ及びコミットメント"で、経営者に求められる要求箇条が増えましたが、当然その実行に当たっては、会社内の責任者に権限の委譲がある訳です。社内で「これは誰の責任か」等という場面がない限り、"責任及び権限"は明確になっているのではないでしょうか。

　もちろん組織変更などの場合に、責任権限が混乱しないような配慮が必要です。この変更に対する要求が増えました。

　具体的な管理責任者の役割については、第6章6.5節で説明します。

6. 計画 ㊎
6.1 リスク及び機会への取組み ㊎

　新しい箇条で今までの規格には表に出ていなかった概念ですが、普通に考えていることです。旧規格の予防処理にあった"起こり得る不適合"の表現が"リスク及び機会"に取って変わったと考えるとよいでしょう。

　"リスク及び機会"は一つの言葉として考えることをお薦めします。

　建設業は予定より乖離した時の影響が大きいため、普段からリスクを特定して取り組まざるを得ないのです。

　日本では「リスク」という言葉が英語の本来の意味と異なって「危険」という負の側面の意味に使われることが多いようです。規格では、良い方向にも悪い方向にもとらえる考え方で、そのリスク（不確かさの影響）への「取組み」が規格の要求となっています。

　具体的には、リスク及び機会は会社の経営のあらゆるところに存在します。年度の計画から個々の工事の受注に始まり個々のプロジェクトへの様々な取組みがあります。それらのリスク及び機会のうち、どれに力を入れるのかは会社の判断です。つまりどの会社でも当たり前のように考えて、日々何らかの対策を行っていることに規格の焦点が当たってきたということです。

　幸いなことに、文書も記録も要求がありませんし、仮にリスクを文書化したとしても、最近の世の中の動きの速さでは、すぐ陳腐化します。

　考える順番からいえば「機会」の方が先で、人はこの機会を求めて活動するわけですが、その機会を確実なものにするためには様々なリスクがあると考えればよいのです。そこで、取組むべき課題を考える時の一つの見方・方向性が4.1、4.2から出てくるわけで、その取組みの計画から、具体的な実行、評価、改善とつなげていくことが、この規格の意図になっているのです。従って、マニュアルには、会社がそれぞれのプロセスで必要とする考え方、チェックや承認、その後の対応等を明確にすることです。

　リスク及び機会を"決定する（determine、第1章のColumn参照）"という用語が使われていますが、「リスト化や文書化」は要求されていません。しかし、決定した後、具体的な取組みの計画等が目標となって活動が始まると否が応で

も何らかの文書ができてくるのですから、それらの文書を見れば決定したリスク及び機会が見えてくるはずです。

> **例**
> ①会社の年度方針、諸目標、経営者からの伝達事項、示達事項、社内通達、連絡事項、環境活動方針、環境行動指針、環境目標等の文書中に「リスクと機会への取組み」が会社全体の活動として含まれているのではないでしょうか。
> ②現場では、施工前検討会等で「発生すると困る（リスク）」事象を定めた目標「工期厳守、手戻り工事の防止、重大災害の防止、周辺環境への配慮」を取り上げ、それぞれの目標に対する重点実施事項（材料協力会社の早期発注、施工図早期作成対策、前倒し工程計画による早期着手、綿密な打合せの実施、協力会社間のコミュニケーションと意欲向上のために毎月の安全表彰の実施、現場外一斉清掃活動の実施）を月、週、日の単位でさらに具体的な管理目標として立案され、実行されるはずです。

上記①②の例ではいずれも、「リスク及び機会」が特定され、その取組みが目標や重点管理事項になっています。

品質では"潜在的な影響"、環境では"潜在的な緊急事態"の決定も、リスク及び機会の一部として要求されています。また、品質では文書化の要求はありませんが、環境では"取組む必要があるリスク及び機会、6.1.1～6.1.4で必要なプロセスが計画通りに実行されるという確信を持つために必要な程度のそれらのプロセスについては、"文書化した情報の維持"（手順）の要求があります。

もちろん、決定した"リスク及び機会への取組み"はその対策を計画して実施することが要求です。

6.2 品質（環境）目標及びそれを達成するための計画策定 共
品質（環境）目標の考え方と設定のしかた 共

目標を持つことは組織活動の柱に当たりますので、非常に重要です。品質及び環境方針を掲げて、それに近づくための活動が、会社の目的を達成するための道具となります。よく、Pを決めることが難しい、ということを聞きますが、CAPDという言い方があるように、PDCAのA（アクト。すなわちチェックした結果、何らかの対応をしなければならなくなったこと）をどうすべきかを考

えれば明確になることが多く、Aをそのまま目標にすることがポイントになります。

また、規格の意図から目標を考える時"望ましくない影響を防止または、低減し（継続的）改善を達成できることを確実にする"ことが取組む目標としてふさわしいのです。

従来のスローガン的な目標からの脱却のために、ISO9001：2015及びISO14001：2015では目標の考え方として以下の要点が追加されました。

- （実行可能な場合）測定可能である
- 適用される要求事項を考慮に入れる（Qのみ）
- 製品及びサービスの適合並びに顧客満足の向上に関連している（Qのみ）
- 監視、伝達する
- 必要に応じて更新する

これらを満たす他、旧規格にはなかった"6.2.2 達成の計画策定"が要求されました。そして計画には、"実施事項、必要な資源、責任者、実施事項の完了時期、結果の評価方法"を決定することが盛り込まれました。規格が求める目標達成の計画とは、図2-4に示すような構成になります。

例えば、工事に伴う"リスク及び機会"を決定して、リスクを予防し機会への取組みを計画することが要求ですので、目標は旧規格の予防処置であると考えると手っ取り早く理解ができます。

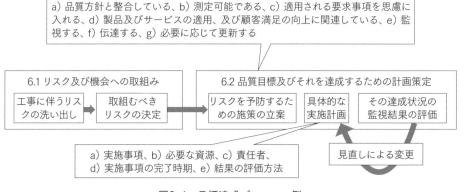

図2-4　目標達成プロセスの例

つまり、経営上の課題であり、会社の事業に伴い発生する懸念事項を目標と考えればよいのです。会社全体としては「年度目標の入った経営計画書」は、そのままで適合になります。また、工事等の受注から、施工に至る様々なプロセスにおいても目標を設定することが、"プロセスにおける目標"として要求されています。例えば、工事現場では、「施工計画書や工程表」等そのものが、この図に当てはまります。目標の様式は、会社の都合で自由に作ってよいのです。今までの1件1葉のような帳票でも構いませんが、階層、個別案件、工事段階等に応じて成果につながる現状の形式（品質目標、というタイトルがない通常の計画書や工程表、打合せ書、議事録など）でよいと思います。

　従って、こうした目標は従来の定型様式では対応が非常に大変になることが懸念されますので、様式にこだわらないで「これは目標です」と言えることが重要なポイントです。

　具体的な例を挙げれば、現場では全体計画の中に目標が含まれていると考えればよく、工事の進捗に伴って、様々な目標が月間工程打合せや、日々の打合せ等で示されているはずです。端的にいえば、日々のKY活動には、目標達成の計画要求を満たす各項目が内在しているはずなので、ぜひ見直してみてください。

　当然、計画通りの実績を示すことで達成したといえるはずです。

　以下に具体的目標について例を示します。

> **例**
> **①重点課題やリスクから考える目標**
> 　世の中の動きが速くなってきていることにもリスクがあります。予防処置は、要求項目として消えましたが、計画の中に存在するので、会社の重点課題としてうまくいかないと困ること（リスク）を目標にするとよいのです。営業や工事等は具体的な案件や対象があるため、目標の設定は容易です。また、こうした目標は、結果が出れば達成の評価ができるため、次々に新しい目標に更新することが必要となります。ただし、売り上げの数値や利益を直接の目標にするのではなく、それらは達成の評価指標に使えばよいのです。売り上げや利益を達成する具体的な留意項目や日々の仕事に関する注意事項を目標にするとよいでしょう。掲示物があれば立派な"文書化した情報"になります。どうやって他社に勝てるか、と考えれば、実は目標は至る所に存在することに気付

くでしょう。
②是正処置型目標
　不具合や問題が発生すると、その再発防止に対する活動がその時点での目標になります。再発しないような原因の除去の策定は当然で、その内容によっては、様々な規格の要求項目を総動員して、解決しなければならないこともあります。
　取組む課題や内容にもよりますが、通常は真の原因を把握するということは容易なことではありません。従って、複数の原因に対して考えることが有効な活動になります。ややもすると、表面上の現象を原因としがちですが、再発防止目標として起こったことを直接否定する目標（例えば、〇〇事象の再発を防止するよりも、その原因として考えられる様々な要因に対する注意喚起や検証をする機会を取り上げる内容を目標）にすればよいのです。
③継続的改善型目標
　小さな工夫の積み重ねや新たな試み、発想の転換によるコストの削減等への挑戦を即目標として、その達成が評価できると仕事にも弾みが付きます。当初から、「〇〇を目指す」として、宣言することによって、周囲も協力してくれるはずです。例えば90年代半ば、ようやく日曜日の休日が定着した頃、工期に余裕の無い（工期遅れが発生するというリスク）と言われていた超高層マンションの現場で、「週休二日完全実施現場」（リスクへの取組み）という看板を上げた作業所がありました。結果は週休二日を完全に実施し、工期も余裕を持って竣工することができました。当然ながら、工程通りに仕事を進めるための、様々な改善や事前検討に加えて、土日には仕事ができないことから、雨でも作業員が自主的に現場を休まず、工夫をしながら工事をしたからできたことです。工事関係者全員の気持ちを一つにできたことが何よりの成果でした。
④発注者や利害関係者を配慮した目標
　受注した工事の施工条件や特記事項、周囲環境条件等、当然留意すべき事項を目標として取り上げてはいかがでしょうか。
　特に協力会社の作業員や物流等で現場へ出入りする運転手の協力なしには目標を達成できませんから、目標の達成のために具体的な手段として購買情報や様々なコミュニケーション、教育・訓練の場を使い、日々の監視活動まで一貫した管理体制の中で運用していくとよいでしょう。
⑤現場説明事項の注意項目や行政等からの指示事項、周辺の特殊性等から達成すべき重点事項
　これを目標と設定し、掲示したりすれば、発注者の工事評価点もよくなりますし、会社のイメージアップにもつながる環境MSが求める基本的な活動とな

ります。
⑥日常的に行っている共通した目標

　これは工程管理が該当します。つまり工程表という当初の計画に対して、その達成のために、日々の打合せでは具体的な指示（目標）が出されます。それらの積み重ねで、全体として「工期を厳守する為に工期の〇％短縮」等の目標が達成できるからです。

　これをどのように審査で達成の評価まで見せられるかですが、当初予定の工期が守られなかった場合を除き、工期内に終了し、目標を達成していれば、そのこと自体で目標の達成は判断できるでしょう。実質的に管理している工程表があるので、まったく問題はないわけです。また、途中段階では月々の出来高予定に対する実績で進捗状況が把握できます。つまり、目標には結果の評価方法を含めておき、改善効果が見えるように「達成を予測した内容にしておく」ことが、分かりやすい目標となります。

　もちろん、部署責任者や担当者が実行すべき事項や経営者の決意を社員へ伝達してその意識を啓蒙する内容等、挙げたらきりがないほど目標のテーマは身近な所に存在しています。

6.3　変更の計画

　ISO9001：2008の"5.4.2のｂ）項"が独立箇条になりました。変更を計画する時に具体的な注意事項が明確に指示されました。この適用は、外的な変化、法等の制定や会社の事情による規則類の変更はもちろん、会社の部署再編、新規の部署・支店や営業所の改廃等も含まれると考えてください。通常は規格の要求を満たす検討や計画がされているはずですから、改めて書類を作成する必要はありませんが、変更に伴って一時的または部分的にでもシステムの有効性が失われることを防ぐための要求です。このような時には、P.80の9.2内部監査に説明する監査プログラム例に示したようなチェックを計画することが有効です。

7. 支援 共
7.1 資源 共
7.1.1 一般 共

品質では考慮すべき事項として、"既存の内部資源の実現能力及び制約、外部提供者から取得する必要があるもの"の細目に分かれて"QMSの確立、実施、維持及び継続的改善に必要な資源を提供する"とあり、外部からの"資源"が加えられました。内部資源には当然制約がありますが、建設業の場合は大半が外部資源に頼る産業です。すでに"考慮して必要な資源を提供している"と言えます。

環境では、"EMSに必要な資源を決定し、提供する"となり、2004年版より一般的表現になりました。

7.1.2 人々 品

MSは当然「人」が関与するシステムですから、当たり前のことが記述されています。ここから"7.2 力量"へつながる訳で、その前提箇条となっています。通常の管理状態でよく、忙しい時には外注や派遣などにより充足されていれば適合と言えます。

7.1.3 インフラストラクチャ 品

旧版では支援体制に中にあった"輸送""情報通信技術"が個別箇条になりましたが、基本は変わっていません。対象物だからといってリストにしたり、台帳等による管理は会社の都合で決めればよいので、審査用の文書は不必要です。トンネル工事や機械などの装置主体の場合や、アスファルト及び生コンプラントのような装置が製品品質に重要な役割を持つ場合は、その適切な整備や維持管理体制（緊急時対応）が重要です。

7.1.4 プロセスの運用に関する環境 品

作業環境から表現が改められ、「プロセスの運用における環境」に加えて注記に"社会的要因、心理的要因、物理的要因"という分類で考えることが示唆され

ました。管理の対象が拡大しているようにも受け取れます。規格は様々なサービスを含む業種が対象ですから、規格の解説書に「心理的なストレスによる取扱いの失敗など」が例示されているのは納得できます。建設業の場合、心理的な要因が製品の品質にどの程度、影響を与えるのか具体的な事例は思い当たりませんが、2014年ISO9001/9004規格作成委員会・TC176/SC2議長のDIS解説セミナーで「以前の作業環境」であるという説明がありましたので、これまでの考え方を踏襲しても差し支えはないと考えられます。

建設業の場合は、規格要求の基本はあくまでも製品及びサービスに対する物理的要因ですから、例えば「作業中止基準」とか、品質の維持のために必要な作業環境（風、雨、湿度、気温、粉じん）を管理し、維持することです。

7.1.5 監視及び測定のための資源
7.1.5.1 一般

"機器"から"資源"という用語に変更されました。基本の要求である監視・測定の目的を満たす資源の使用という点では変わっていません。また、用語としての「ソフトウェア」は消えましたが、資源に組み込まれていると考えればよいでしょう。

"機器"の用語が無くなったことで、**アンケートや試験問題、統計報告書**等の監視及び測定目的で使用されるものも"資源"であることが明確になりました。従来同様、管理のための手順を要求されてはいませんが、計画や実施の段階で必然的に"文書化した情報"が存在すると考えます。機器の管理の詳細は、第1章の1-8節 「測定機器は校正証明書が必要か」（P.20）を参照してください。

7.1.5.2 測定のトレーサビリティ

ISO9001：2008の「測定値の正当性が保証されなければならない場合」の要求で、内容も意図も変わりません。"国家計量標準に対してトレーサブルな計量器に照らした校正"、つまり測定した結果の妥当性に信頼を与える証明ができる機器（設備）の状態（基準に対する不確かさ）が求められています。同時に

> **ワンポイント** アンケート・試験問題、統計報告書：測る道具として、APG文書「18.監視機器及び測定機器管理の審査」に例示がある　http://www.jacb.jp/assets/files/pdf/apg/APG18_revision.pdf

その識別（機器のNO.等も含むが、測量の場合は墨打ち、杭打ち、鋲うち等による識別や測量手簿等の記録も含まれる）、測定の方法、作業者、場所、日時、作業環境等、測定の信頼性を与える要素の結果を保持することです。測定の報告書には測定した結果やその測定記録とともに機器のトレーサビリティを含む試験結果記録を添付することが、測定値の保証になります。従って、「校正証明書」や「トレーサビリティ体系図」があればよいということではありません。

> **例**
> 建設において測定結果の妥当性に信頼を与えなければならない時とは、
> - 顧客の要求性能を測定値で示す時
> - 品質保証を測定値で示す時（製品試験等）
> - 計った値が金額になるもの（計量法）
> - 公共測量作業規定に従って実施する測量
> - 環境等の法的な規制要求に対する適合の証拠として使用する時
> - 訴訟等の際に測定値で正当性を証明する時
> - 電気設備等の法的な検査（接地抵抗、絶縁抵抗、耐圧） 等

　上記は一部であり、この他にいろいろなケースがあるとはずです。
　監視することと、測定することは同じ行為かもしれませんが、その結果に対する要求が異なっていることを理解してください。
　建設作業では、常識的に考えて合否判定が適切にできる必要な管理やそれらの根拠に整合が取れていればよいので、試験機関や校正機関が使用する機器のような管理は通常要求されていないことを理解し、身の丈に合った管理でよいのです。
　測量専門会社から提出される測量報告書や、機器の校正会社等から発行される**校正結果報告書**はこのトレーサビリティ要求を満たします。
　最近では、試験機関・校正機関を**IAJ**がISOと同じように認定する国際相互認証制度が普及しています。
　J^{CSS}というマークを見たことがあるかと思いますが、これは計量法校正事業者認定制度JCSSで認められた校正事業者のことで、この認証マークがあればトレーサビリティが取れていることの証明になっています。改めてトレーサビリティ体系図を求める必要はありません。よく測量機器の「トレーサビリティ

体系図」を準備されているケースを目にしますが、建設業ではまったく必要ありません。発注者が要求するということも聞きますが、恐らくそれは目的が違うのです。

"測定機器の検証若しくは校正"が要求されるのは、製品の適合性を実証するために必要な測定をする場合や、測定機器によってしか結果が判明しない場合（抵抗値や電流等の電気関連、化学系の分析、重量、温度、音・振動等）に機器が正しいことを示すわけですから、当然です。

実際には機器そのものの誤差より、使う人による誤差の方が大きくなることがほとんどです。場合によっては機器の使い方を間違える危険の方が問題です。

以下、監視機器が過度な管理にならずに済んでいる例を説明します。

例

①騒音・振動表示装置

　最近、市街地の工事現場でよく見かけます。デジタルで工事現場の騒音振動のレベルを表示している装置ですが、これは測定機器ではありません。あくまでも、目安として数値を示しているにすぎないからです。この表示された数値が「特定建設作業」における規制基準を超えているからといって、即法律違反にはなりません。このような測定はあくまでも監視が目的です。

②圧力計

　建物の給水管の水圧試験に使用している圧力計は監視または測定のどちらに該当するでしょうか。この場合、「水圧試験の目的」によって圧力計の扱いが異なってきます。もし、「給水管の耐圧性能」を確認することが目的であれば、その耐圧性能を証明できる圧力計を使用しなければなりません。しかし、配管から継手等の漏水の有無を確認することが目的であれば、圧力計の校正は不要です。つまり「ある必要な目安としての圧力を一定時間かけて、その間に漏水すれば、当然圧力が下がるので、その変化を確認する」ことが目的です。従って、使用する圧力計は針が圧力を受けて動けば十分なのです。

> **ワンポイント**　校正結果報告書：校正証明書には、機器に関する不確かさの情報はないが、校正結果報告書には、基準に対して、詳細な誤差が記載されています

> **用語解説**　IAJ：独立行政法人製品評価技術基盤機構　認定センターの略称で、国際的な相互認証制度のもとに認証を行っている

> **用語解説**　J^{CSS}：Japan Calibration Service System：計量法校正事業者認定制度の略称

③オーガー電流計

　杭の支持層への貫入深さを確認するために使用されるオーガーの電流計はどうでしょうか。電流値の変化で支持層を想定する場合に使われていますが、実際には支持層にどの程度貫入しているかが重要で、オペレーターはマストやオーガーの振れ具合等の感触で先端が支持層にどの程度入ったか把握できているはずです。この時の電流計は、電流値の正しさを見ているのではないので、支持層への貫入深さを監視する装置であり、校正された電流計は必要ないのです。

④電流計、電圧計、絶縁抵抗計など

　電気のような目に見えない場合はどうでしょうか。これらは電気事業法で定められた校正機器による測定が要求されています。また、環境法令で要求された定常的な測定は、環境計量証明が必要になります。

⑤秤類

　計量法で規定されている計量値で商取引をする秤や容器、アムスラー試験機等は、すべて計量士の検定が必要になります。労働安全衛生法で規制される作業環境測定のような場合は測定者に作業環境測定士という資格、測定機器に較正証が必要となり、専門会社に依頼するのが一般的です。

7.1.6　組織の知識

　日本から提案され、新たに新設された要求事項です。必要な内外の知識について、注記1及び注記2で幅広く示していますが、通常、常識的に管理・共有されていれば、この要求に改めて何か対応する必要はないと思われます。

　製品及びサービスの適合を達成することを確実にするために、会社が維持する知識を明確にし、活用することは当然です（規格書の附属書A.7）。

> **例**
> 会社が培ってきた固有技術・経験・施工実績・過去の失敗事例・社員が保有する知識等、他社との競争で優位に立ち、会社の強みとして顧客満足の能力向上に寄与するものなどが該当します。

　注記1及び注記2に、具体的な知識に対する例示があります。様々な見方を示しており参考になります。ただし注記2の「内外の知識源」をすべて揃えなければならないということではありません。企業の規模や工事の難易度などに

よって異なるように、小規模企業では共通の知識として理解されていたり、調べる手立てがあれば十分といえます。逆に大規模企業では、全社に展開できる情報など周知のツールがあるはずです。

　また、要員の離職、情報の取得及び共有の失敗による情報の喪失を保護することや、経験者・指導者を得る、新たな挑戦で知識を獲得することができること等を推奨しています。審査対応では「知識が整理されている、いない」は問題になりません。いかにこうした知識の向上が図られているか、また、必要な知識の共有ができているか、に焦点が当たることを認識しておくとよいでしょう。

7.2　力量 共

　従来の「教育・訓練」から「力量」へと表現が変わりましたが、この箇条の意図は2008年版と変わりません。次項の「認識」も基本は同じです。
"MSのパフォーマンス及び有効性に影響を与える業務をその管理下で行う人"に対する力量の要求で、必要な力量を付けるための"教育・訓練"も要求されています。当然と言えることですが、建設業では時々、協力会社の力量の無い作業員によって様々な影響を受けますから、油断は大敵なのです。

　これまでの、"教育・訓練に該当する記録の維持"から、この"力量の証拠として適切な文書化した情報（記録）"が要求となりました。注記に、"現在雇用している人々に対する、教育訓練の提供、指導の実施、配置転換の実施等があり、また、力量を備えた人々の雇用、そうした人々との契約締結等　もあり得る"とありますので、通常の社員に対する処置の結果の記録（例えば、会社が行った教育や業務査定、昇格・異動等の辞令、取得資格、協力会社の名簿・資格の確認）等が該当します。

　関連する事例は、次項で一緒に説明します。

7.3　認識 共

　品質では「認識」、環境では「自覚」と日本語訳が異なっていましたが、ようやく統一されました。規格の要求の意図は同じです。要求"MSの有効性に対する自らの貢献"、"(順守義務を含む) MS要求事項に適合しないことの意味"に

加えて"方針や目標"、"著しい環境側面とその影響"に関する認識を持つことが要求されました。

> **例**
> ①現場には、新規入場者教育の制度が定着しています。この時の本人のサイン入りの記録は、うまく使えるかもしれません。法的には安全の書類ですが、当然現場における製品の品質や環境活動に係わる事項が多くあります。追記してもよいでしょうし、朝礼から日々の打合せ等を通じて、全員にその目的を達成するための認識も持たせている活動があり、「力量」及び「認識」も満たせるはずです。もちろん力量の判断基準とした教育、訓練及び経験等との関連付けも一緒に可能になる訳です。
> ②ある建設廃棄物の中間処理会社では、工場内の処理状況社内の一部を［見せる」ために見学通路を設置し、工場内を一般の見学者に公開している事例がありました。建設廃棄物の中間処理工場で扱っている廃棄物は、どこでも見られるもので、その選別作業を重機や手作業により屋内で行っています。
> 「第三者に仕事をしている状況を見られる」という場合、人は見られていることでその行動が変わるのです。つまり、結果として無言の社員教育のしくみとなっており「自らがどのように貢献できるか」の認識が高まることを感じました。
> ③あるマンションの建築工事では、部屋ごとに協力会社の作業者をその部屋の管理者として「任命・表示」して、他の作業員がすでに完成した部分に傷を付けないように相互に監視する方法を取り、竣工前の手直しが少なかったという実績につながっていました。
> ④年に一度であっても、第三者の審査を直接受けた人の認識と、審査員に接しない人とは規格への理解が違うのです。
> ⑤社員表彰制度や人事評価制度で評価基準を明確にしておいて、その努力の成果を評価して報いること等も、人々の認識の向上に寄与できるしくみであるといえます。

　上から口うるさく言って抑え込むことだけでは、認識の向上にはつながりません。

　何と言っても、人の力量や認識の向上は永遠の課題です。会社を構成する人は時間とともに入れ替わるので、ある時は同じことを繰り返し続けながらも、次第に向上していくものです。

7.4　コミュニケーション 共

　内外のコミュニケーションについて具体的な5W1H（内容、実施時期、対象者、誰が、方法）が明確になりました。基本は報・連・相（報告、連絡、相談）に尽きるのですが、毎日実施される協力会社との作業打合せ、日報、購買先との電話連絡、種々の会議、メール等で記録が残されているはずです。

　例えば、発生した不適合の原因として不適切なコミュニケーションが疑われる場合は、規格箇条の「内容、実施時期、対象者、誰が、方法」を検証する必要があるかもしれません。

　また、行政、業界団体とのコミュニケーションが重要なこともあります。

　仕事の遂行中に、規格の要求しているコミュニケーションがなされることもあります。例えば、警備や昼夜兼行のような夜勤を含む連続した業務を請負っている場合、昼番、夜番が業務引き継ぎ簿（書）に交互に記入した伝達事項は、重要なコミュニケーションになります。

　環境では、2004年版同様、"内部及び外部コミュニケーション"に分かれて、箇条がありますが、コミュニケーションの証拠としての"文書化した情報（記録）"が要求されています。2004年版の文書化要求と変わったので注意を要します。特に外部コミュニケーションは記述が少し変わり、"コミュニケーションプロセスによって確立した通り且、順守義務による要求に従ってEMSに関連する情報について外部コミュニケーションを行う"ことが要求されました。

　現場等で対外的に情報を提供することが該当するので、近隣などへの説明資料や協力会社との打ち合わせや指示などが日報などで文書化されていれば要求を満たすはずです。改めてコミュニケーション記録などを作る必要はないのです。

7.5　文書化した情報 共
7.5.1　一般 共

　文書化の要求及び文書と記録の管理ですが、ISO9001：1994で初期洗礼を受けた「文書化された手順(documented procedure)」に対する要求は、次第に消滅しつつあり、品質規格では、2008年版まであった**6つの文書化された手順**も

無くなりました。

　環境規格では、もともと文書の要求が少ないため基本的に大きくは変わっていません。"文書化した情報"の要求は、規格要求（**表2-1**）と会社が必要と決定したものだけとなり、文書化の程度は、会社によって異なることが引き続いて品質、環境ともに注記で説明されています。

　最近では、紙よりも電子データ（情報）での管理が当たり前なので、すべてのMS規格は「documented information(文書化した情報)」と表現され、記録についても同じです。つまり記録は"保持"、文書は"維持"という表現になりました。要求箇条の内容はこれまでと変わっていません。

　ただし、附属書A.6では"文書化した情報を"維持する"という要求事項は、組織が、特定の目的のため（例えば、文書化した情報の旧版を保持するため）にも、同じものを"保持する"必要があるかもしれないという可能性を除外していない"とあるので、「文書は後で記録になる」ということを認識されるとよいでしょう。

　電子文書の管理の時代になったと言えますので、「文書か、記録か」というより、その電子記録を管理する情報セキュリティMS（ISO27001）が必須の時代になってきたようです。特に電子ファイルの場合、最新版を間違えると大変です。ファイル名の付け方、フォルダ管理など一定のミス防止のルール化が必要です。

　表2-1に品質、**表2-2**に環境の文書化した情報の一覧を示します。

ワンポイント　6つの文書化された手順：①文書管理、②記録の管理、③不適合製品の管理、④内部監査、⑤是正処置、⑥予防処置

表2-1　文書化した情報の規定（品質）

規定している箇条		内　容	文書	記録
4.3	品質マネジメントシステムの適用範囲の決定	製品及びサービスの適用範囲	○	
4.4.2	必要な程度において組織は次の事項を行う	プロセスの運用を支援するために必要な文書	○	
4.4.2	必要な程度において組織は次の事項を行う	プロセスが計画どおりに実施されたという証拠		○
5.2.2	品質方針	文書化した情報として利用可能	○	
6.2.1	品質目標及びそれを達成するための計画策定	組織が決めた品質目標	○	
7.1.5.1	監視及び測定の為の資源　一般	監視/測定用の資源の目的適合性の証拠		○
7.1.5.2	測定のトレーサビリティ	校正/検証に用いたよりどころ		○
7.2	力量	力量の証拠		○
7.5.1	文書化した情報　一般	必要であると組織が決定した文書化した情報	○	
8.1	運用の計画及び管理	計画通りの実施及び要求事項に対する製品及びサービスの適合を証明する証拠		○
8.2.3.2	顧客要求事項のレビュー（該当する場合）	a）レビューの結果 b）製品及びサービスに関する新たな要求事項		○
8.2.4	製品及びサービスに関する要求事項の変更	変更された時の関連する記録		○
8.3.2	設計・開発の計画	要求事項を満たしていることを実証する		○
8.3.3	設計・開発のインプット	インプットに関する記録		○
8.3.4	設計・開発の管理　f）	設計・開発の管理の活動の記録		○
8.3.5	設計・開発のアウトプット	設計・開発のアウトプット		○
8.3.6	設計・開発の変更	a）設計・開発の変更、b）レビューの結果 c）変更の許可、d）悪影響を防止するための処置		○
8.4	外部から提供される製品及びサービスの管理	外部提供者の評価、選択、パフォーマンスの監視及び再評価によって生じる必要な処置		○
8.5.1	製品及びサービス提供の管理	a）1）製造する製品、提供するサービス、又は実施する活動の特性、2）達成すべき結果	○	
8.5.2	識別及びトレーサビリティ	一意の識別の管理とトレーサビリティ情報		○
8.5.3	顧客又は外部提供者の所有物	不具合などがある場合の発生事象の報告事項		○
8.5.6	変更の管理	変更のレビューの結果，変更を正式に許可した人，及び必要な処置の記録		○
8.6	製品及びサービスのリリース	a）合否判定基準への適合の証拠		○
8.6	製品及びサービスのリリース	b）リリースを正式に許可した人に対するトレーサビリティ		○
8.7.2	不適合なプロセスアウトプット、製品及びサービスの管理	不適合なプロセスアウトプット、製品及びサービスに対してとられた処置、決定権限者		○
9.1.1	監視，測定，分析及び評価	決定された要求事項に従って監視/測定活動が実施されることの証拠		○
9.2.2	内部監査	監査プログラムの実施及び監査結果の証拠	△	○
9.3	マネジメントレビュー	マネジメントレビューの結果の証拠		○
10.2.2	不適合及び是正処置	不適合の性質及びとったあらゆる処置		○
10.2.2	不適合及び是正処置	是正処置の結果		○

[注] 内部監査の△は監査プログラムを示す

第2章 ● ISO：2015年版の概要と意図を読み解く

表2-2　文書化した情報の規定（環境）

規定している箇条		内　容	文書	記録
4.3	環境マネジメントシステムの適用範囲の決定	製品及びサービスの適用範囲	○	
5.2	環境方針	文書化した情報として利用可能	○	
6.1.1	リスク及び機会への取組み　一般	取組む必要があるリスク及び機会	○	
6.1.2	環境側面	環境側面及びそれに伴う環境影響、著しい環境側面を決定するために用いた基準、著しい環境側面	○	
6.1.3	順守義務	順守義務に関する文書	○	
6.2.1	環境目標及びそれを達成するための計画策定	組織が決めた環境目標	○	
7.1.5.1	監視及び測定の為の資源　一般	監視/測定用の資源の目的適合性の証拠		○
7.1.5.2	測定のトレーサビリティ	校正/検証に用いたよりどころ		○
7.2	力量	力量の証拠		○
7.4.1	コミュニケーション　一般	必要に応じて証拠としての記録		○
7.5.1	文書化した情報　一般	必要であると組織が決定した文書化した情報	○	
8.1	運用の計画及び管理	計画通り実施した確信を持つ必要な程度	○	
8.2	緊急事態への準備及び対応	計画通り実施される確信を持つ必要な程度	○	
9.1.1	監視，測定，分析及び評価	決定された要求事項に従って監視/測定活動が実施されることの証拠		○
9.1.2	順守評価	順守評価の結果の証拠		○
9.2.2	内部監査	監査プログラムの実施及び監査結果の証拠	△	○
9.3	マネジメントレビュー	マネジメントレビューの結果の証拠		○
10.2.2	不適合及び是正処置	不適合の性質及びとった処置		○
		是正処置の結果		○

[注]内部監査の△は監査プログラムを示す

7.5.2　作成及び更新 共

2015年版の序文には、

―MSの構造を画一化する
―文書化をこの規格の箇条の構造と一致させる
―この規格の特定の用語を組織内で使用することを意図したものではない

と記述されており、これまで以上に規格の通りの文書作成を否定していることが強調されています。これを読み替えると「マニュアルや手順書などには規格の要求事項をそのまま書かなくてもよい」ということになり、会社の決めた内容や程度でよいことになります。これでようやく、ISO独特の呪縛から解き放

たれるはずです。すでに、このようなマニュアルの会社が出てきています。

　基本的なことですが、恐らく会社業務に関係のないISO審査用の書類に関して、よく文書の「作成」「確認」「承認」欄に同じ担当者の印かんが押してあるケースを見かけます。作成者が確認、承認をするのであれば、まったくチェック機能が働かない状態であり、エラー防止のしくみとは考えられません。これでは、文書の発行に対して規格の意図が満たされません。

　なぜかというと、自分の作成した文書の間違いは自分より他人に見せることで瞬時に発見されるからで、間違い探しは他人に確認してもらう方が、効率がよいはずです。その後でしかるべき「承認」を得ることが、発行する文書に対する管理の基本と考えます（後述する"ヒューマンエラーを防止するための処置"につながります）。

　"7.5.2 c）適切性及び妥当性に関する、適切なレビュー及び承認"にあるように、明確な要求です。**承認**はその文書によって誰が権限を有するのかを示しており、社内では当然、承認者が決まっているはずです。これまで、審査の前になってISOの文書や記録に「役職者の印かんを勝手に使う」ことが見られましたが、大きな弊害になるので、絶対にしないでください。

7.5.3　文書化した情報の管理 共

　文書と記録の管理が整理/合体されましたが、基本は変わっていません。規格が要求する文書の管理は常識の範囲です。管理していないため、または必要以上の管理をしているために、問題が起きて困るのは審査員ではなく皆さん自身なのです。

　事業プロセスの効果的・効率的な運用のためには、情報の共有化が重要であり、ITを利用した情報システムの構築・運用が多くなってきました。MSの運用についても、情報の一元化、これらへのアクセス、閲覧、利用できるしくみが重要で、その管理及び取組みが要求されています。中でも"**アクセス**"という

ワンポイント　承認：承認はただ印かんを押せばよいものではありません。内容によっては会社としての責任が発生する行為です

用語解説　アクセス：アクセスとは、文書化した情報の閲覧だけの許可に関する決定、または文書化した情報の閲覧及び変更の許可及び権限に関する決定を意味する

新たな用語が使われています。

　当然ながら、電子文書に対するセキュリティ上の管理についての要求により、情報システムにはすでにパスワードなどで閲覧に制限を設けているはずです。電子メールでのやり取りや電子入札等、ネット上でのビジネスが主流となってきていることを考慮すれば、電子文書の管理にポイントが移らねばならない時代です。個人のパソコンの中でどのようなファイル管理がされているのか、最新版の識別ができるように管理されているのか、ネット上のセキュリティ管理のためのウィルスチェックソフトの導入やファイアウォールの設定等に従って、適切なアクセス管理が確立されているかが、重要になってきました。

　当然ですが、こうした電子化された「文書を登録しなければならない」とか、「会社の様式以外は使ってはダメ」ということも、"利用に適した状態"が要求ですからこれからは「規格に不適合」になる懸念があります。会社の決めた責任・権限のもとに通常、ISOを意識しないで行っていることでよいのです。そこに不具合が出なければ適合した活動と見なせるのです。

　外部文書に対する表現が"組織が必要と決定した外部からの文書化した情報は、必要に応じて識別し、管理しなければならない。"と変わっています。この管理には必要な配付も含まれていると考えるとよいでしょう。第1章で説明したように台帳管理ではないのです。

■7.5.3　文書化した情報（記録）の保持　共

　規格で要求される"文書化した情報（記録）"の保持について考えてみると、「後で使う」ということが見えてくると思います。記録が次の活動に使うためや組織の適合性を説明できることであり、証拠であることが要求されています。

　そのための管理の表現が"適合の証拠として保持する文書化した情報は、意図しない改変から保護しなければならない。"となり、記録の保管には、上書き防止とか、記録のトレーサブルな情報を含めて、検索しやすいようなファイル名等の工夫（日付を入れたり、内容が分かるような名称、フォルダ名など）が必要になります。

　また、適合の証拠としての記録にはその時の再現性、つまり"トレーサビリティ"が求められます。重要な記録では十分な情報かを考えてください。

　業務処理上、定型の記録様式の方が効率が良ければ、それだけに限定して定

型とすべきで、それ以外はトレーサブルな情報が含まれていれば自由形式でよいはずです。

2015年版では「記録（レコード）」という表現がなくなり、「情報」になりました。言葉は違いますが、対象は同じです。音の出る円盤の「レコード」は今では過去の記録媒体になりつつありますが、ISOでいう「レコード」とは音や映像、製作の段階における現場、現物、試料、サンプル、写真等、紙だけではないのです。極端な例では、「不適合製品」そのものや「測量した逃げ杭」や「墨」等の現場も記録という情報が含まれています。

特に注意したいのは、審査員に「記録がない」ということを指摘されることを避けるために、杭工事の施工記録のような形だけの辻褄合わせの記録を作ってしまうことです。これは絶対に避けなければなりません。

人は活動しているので、何か活動の結果、必ず残るものがあるはずです。次の活動に対する改善の材料を提供していると意識すれば、改めてわざわざ記録という書類を作成するのではなく、今書いたメモだって重要な記録であると考えたいのです。ただし、そこに月日、サイン等のトレーサブルな情報は必要です。

また、記録は具体的な計画や次のアクションの中に存在します。例えば、問題が起きた時の「是正処置の原因の分析」や「改善すべき事項」の中に「処置の結果の記録」があると思われます。要求されているのは、その前の活動自体の記録ではなく、活動の結果「決定したことや処置」が、規格の要求する重要な記録だからです。つまり、PDCAサイクルのAであり、次の「Pに結果の記録がある」と言えるのです。

筆者は習慣として、印座があってもなくても、自身で確認した記録を残すために、その書類上に必ず日付とサインをするようにしています。こうしておくと、本人の記憶になくても一度は見たという証拠が残るからです。また、印座は会社の中で責任・権限を明示している証拠になります。

8. 運用 共
8.1 運用の計画及び管理 共

基本は製品実現の計画（P）ですが、共通テキストによって、実施（D）とそ

の管理までが一緒になりました。管理の詳細項目はこの後の8.2～8.7の箇条にあります。この箇条では、"1）プロセス2）製品及びサービスの合否判定"に関する"基準"の設定とその管理の実施が新たな要求となりました。また、個別製品の品質目標の用語が無くなりました。しかしながら、これは、"6.2品質目標及びそれを達成するための計画策定"に統合され、"プロセス"として取りまとめられたようです。

箇条6の"リスク及び機会への取組み"を実施するプロセスを、4.4品質マネジメントシステム及びそのプロセスに示されたように計画・実施・管理することが規定されて、一連の流れが構成されています。

特に建設業では、工事の失敗は許されないので、経験や会社の技術力を駆使して計画を策定するのが普通ですので、当然新しい規格の要求(リスクを考慮)にも十分対応できています。

計画の結果（アウトプット）、"組織の運営方法に適した形式"であることが求められています。一番判りやすいのが、建設業では工程表です。工程表は、日常の管理にも使用され、絶えず修正されて進捗の管理に使われています。当然工程表の中に何を盛り込むかは、その時に対策が必要な「取組みを決定したリスク」を防ぐか、減じるためにどうするのかという計画になっているはずです。

また、工程表は"プロセスの計画"でもあり"プロセスの管理の基準"そのものにも該当します。

規格が意図している「製品実現の必要なプロセスを計画し、構築しなければならない」という本質を勘違いされ、旧規格の「7章　要求項目毎に計画する定型様式の品質計画書」だけが唯一の形式（アウトプット）であると誤解されているケースをよく見かけました。本当に必要な計画とは何かを考えれば、気が付くはずです。

■ **体系的な計画と詳細計画がある** 共

建設業は一品生産であることから、**図2-5**にある通り一般に現場管理業務の中心は全体の計画、人の配置計画、工種ごとの計画、検査等の計画、月次の計画、週の計画、日々の計画等、大半が計画の代表的なアウトプットなのです。

「組織全体」では「年度の計画」、「製品」は「個別プロジェクトの計画」の二

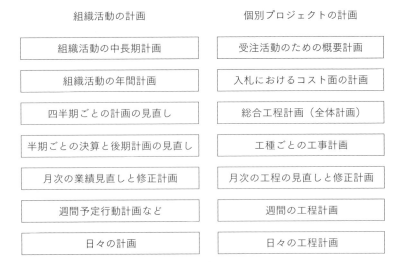

図2-5　計画とは

つに分けて考えてください。当然これらの中には、品質・環境・安全・工期・コスト等該当する内容が盛り込まれます。

　その他、計画の結果としてのアウトプットは、工程表以外にも実際にはいろいろな形で存在します。図2-5に一つの考え方を示しました。

　計画は会社のノウハウや、要求のレベルによって、その内容は当然変化します。計画に必要かつ重要な情報も、時間とともに次第に増えてくることを考えると、情報が少ない時の計画と実行直前の計画では情報量の違いから計画の内容も大きく違って当たり前なのです。また多くの場合、発注者要求事項としての「全体計画や工事工種ごとの計画、月次工程計画等」が存在しますが、それは発注者の特別な要求と考えて対応すべきでしょう。

　従って、最初に計画書を作ったから"8.1運用の計画及び管理"は終わったと錯覚しないことです。計画に従って実行する過程で、当初計画の変更が必要になることが非常に多いからです。

　もちろん、後から辻褄合わせのために計画書を作るようなことは、決してしないでいただきたいのです。それは、まったく無駄なことになるばかりか、規格の意図に反します。

　2015年版では、「計画及び管理」が一緒になりましたので、8.2項以降の要求

と一部**重複**するような印象を受けると思いますが、ここではその概要と考えてください。規格が要求する「この計画のアウトプットは、組織の運用に適したもの」の具体的な例として、簡単な修理を依頼された場合の計画を以下に紹介します。

> **例**
> ①通常現場を事前に確認しに行く
> ②「いつ、だれが、修理に行くのか」担当を決める
> ③工事金額を示した見積を作成して依頼者の了解を取る
> ④修理に必要な材料の発注がある
> ⑤口頭または、作業指示書で指示がある
> ⑥完了した時に先方の確認印をもらうような書類または伝票が当然ある
> ⑦修理が完了し、金額の請求が出せることを当該部署へ報告する
> ⑧請求書を持って行く

こうした行動の中には、いくつもの「計画」があり、「組織の計画の実行に適したアウトプット」があります。自社のマニュアル等で「当社において計画のアウトプットは…である」としなければよいのです。

通常、クレームや失敗例の多くは、この計画が不十分であることに起因していると思われます。要は計画の詰めが甘いところで問題が出ます。

十分練りこんだ計画の下で行われれば、失敗は少なくできるのです。昔から言われる［段取り八分］なのです。

■8.1　規格にある細項目は計画時のチェックリスト 🔲

計画時に盛り込むべき内容を考える時、8.1 a)、b)、c)、d)、e) の各項は、広い角度で考えるための目の付け所（ツール）と考えるとよいでしょう。つまり、計画する時のチェック項目として、a) 項からe) 項までを考えればより充実した計画や工程計画等ができます。ただ、2015年版では2008年版にあったような「検証、妥当性確認、監視、測定、検査及び試験活動」などの用語が消えました。

かと言って、実際にはこれらの活動を計画しないことは考えられません。もちろん、発注者が要求する仕様書等で求められているように、必要な時期にな

> 💡 **ワンポイント**　重複：規格箇条構成の制約から、複数個所で重複した要求となりました

って「計画」すればよいのです。

　現場等では日々の計画が最も重要である上、適切な時期に必要な計画を立案しなければならないので、そのためのツールとして、"8.3設計・開発や8.5.1 f)項にあるプロセスの妥当性確認"があります。必要な場合、気付かずにこの要求を満たす活動が行われているので、該当しているか見直してみることが規格の理解につながります。この詳細については、それぞれの項で説明します。

　環境における新たな要求は、"**ライフサイクルの視点**"に従って計画することです。対象は、取り組むリスク及び機会や環境目標、順守義務等です。以下に要求されている箇条を示します。

　a）必要に応じて**ライフサイクルの各段階**を考慮して、製品又はサービスの設計及び開発プロセスに環境上の要求が取り組まれるための管理の確立
　b）必要に応じて調達に関する環境上の要求事項を明確にする
　c）請負者を含む外部提供者に対して関連する環境上の要求事項を伝達する
　d）輸送、配送、使用、使用後の処理及び最終処分に伴う潜在的な著しい環境影響に関する情報提供の必要性について考慮する
　これらのプロセスが計画通りに実施されたという確信を持つための文書化された情報を維持する

　仕事を進める中に環境（ライフサイクルを含む）を考慮した活動が、明確に求められました。通常の仕事の中で、環境目標等で活動していれば、関連する事項があります。ポイントは"確信を持つための文書化された情報"を「どのように様々な帳票に入れ込むか」ということです。

　品質ではこの箇条以降、管理が従来の通り細かく分かれていますが、環境は一緒にまとめられているので、システムとして独立させるよりは品質等の仕事の流れ、つまり品質の実施計画書等の中に環境を織り込むと無理なく活動ができます。

👉 **ワンポイント**　ライフサイクルの視点：詳細なライフサイクルアセスメントの要求ではなく、組織が管理または影響を及ぼすことができる段階毎に考慮すること

👉 **ワンポイント**　ライフサイクルの各段階：ここでいう段階は「原材料の取得、設計、生産、輸送、使用、使用後の処理及び最終処分」が含まれること。附属書A6.1.2にある

8.2 製品及びサービスに関する要求事項

8.2.1 顧客とのコミュニケーション

　2008年版と順番が変わって、コミュニケーションが先になり、仕事を受注する前の活動に焦点が当たったようで現実的になりました。これまではどちらかと言えば、苦情やクレームが中心となる印象が強かったのですが、もっと上流の活動に焦点が当てられたようにも感じます。つまり、通常行っている営業活動そのものです。初期営業情報の取得から顧客への入札参加依頼や実績・保有技術・新製品などの紹介・売込みが該当します。

　新たな細目箇条が追加されています。"d) 顧客の所有物の取扱いまたは管理" "e) 関連する場合、不測の事態への対応に関する特定の要求事項の確立" ですが、顧客所有物の管理はもともとありましたので、それほど違和感はないでしょう。

　品質では、目新しい"不測の事態"が取り上げられました。上流段階でリスクと機会を引き出す注目点として、考え方を示しています。環境MSでは"緊急事態への準備及び対応"が類似していますが、品質も同様に、見る幅が広がったという印象があります。ただし、建設業では常々この要求を十分満たした活動で受注に至っていることから、ようやく規格が実務に近づいたと考えればよいでしょう。

8.2.2 製品及びサービスに関連する要求事項の明確化

　この要求箇条はDIS版では"潜在顧客"に対するもので、まだ正式な引き合いや契約できる顧客か分からない段階の要求であることが明確でした。建設では入札前の段階が該当しています。製品に対する要求事項を明確にしないで、どんな計画もできるわけがないのです。

　具体的事例としては、初期段階でどの程度"取組むべきリスク及び機会"を含めた要求を明確にした情報（見積りを行うかどうかの判断可能な情報）が明確になっているかということです。当然、順守すべき事項等もその対象となります。旧規格でも規格要求の裏側には入っていた考え方であることから、今までと規格の意図は変わっていません。

新たな箇条要求に"b) 組織が、提供する製品及びサービスに関して主張していることを満たすことができる（the organization can meet the claims for the products and services it offers.）"が入りました。よくわからない日本語ですが、解説によると「組織が自らの製品及びサービスを通してこうしたいということを決め、それを実際に実現できることを確実にすること」のようです。

前項のコミュニケーションと同時に行われる営業活動「受注前の顧客に対して当社はこのようなことができるという提案など」が当てはまります。技術提案、VE/CD、質疑等が該当します。

従って、次項"8.2.3製品に関連する要求事項のレビュー"と一緒に一枚の確認書等でお茶を濁すこれまでの対処法では済まないと考えた方がよいでしょう。どれだけ契約前に顧客の要求を明確にできるかが、会社の力量であり、真の実力なのです。MSはこの力量を向上させるためにあると考えれば、そうした面で非常に重要な要求事項です。

この箇条では記録を求めていませんが、企業にとって重要な記録（知識）になります。「提案書や自社の実績など、顧客の要求に対して当社には十分対応できる旨の書類が実際にはある」と考えれば、無理に新帳票を作って記録とする必要はまったくありません。入札前の検討時には顧客要求がインプットとして明確にされ、さらには受注後の引継ぎにおいて、多くの外部文書や見積りのための社内検討資料などで伝達されていきますので、それらは、その後の客観的証拠として重要な記録になります。また、審査においてもそうした資料を見せて規格への適合を表明すればよいでしょう。

8.2.3 製品に関連する要求事項のレビュー

この要求は、8.2.3.1に活動が規定され、8.2.3.2に記録が「該当する場合」と限定つきながら独立して要求されました。"顧客へコミットメントを出す前のレビュー"の基本的な意図は変わっていません。

受注産業である建設業においては、このプロセスは非常に重要なポイントを示していますが、仕事は規格の通りにできません。実態活動の中に規格の要求を満たす検討が十分なされていると考えるべきです。

入札前に行う経営トップを中心にした検討が、まさに該当する活動であり、

結果として、原価表や見積内訳、基本施工計画、工程の検討書等が残っているはずです。もしかすると、規格の要求であることを意識することなく、実際には、社内の英知を集めて検討し、その結果、会社の戦略を含めて仕事を取るためにリスクを背負って入札金額を決めているはずです。

従って、規格の要求を当てはめてみると、このレビューは当然、受注活動を開始する前から始まっています。活動の重点管理事項とか、品質目標として管理するような事項がレビューの結果、出て来ているはずです。従って、8.2.1～8.2.3までが一緒に混在するような場合もあるので、あまり箇条ごとに分けて考える必要はないでしょう。ただし、よく聞く失敗事例に、「桁が違っていた」や「見積の時には気が付かなかったが、蓋を開けてみたら、一式の範囲が違っていたことが分かった」とか「いつもと同じつもりで入れたら、実は条件が一つ違っていて、そのために失格になってしまった」といったことがありますので、注意してください。

8.2.4　製品及びサービスに関連する要求事項の変更

2008年版では、7.2.2にあった内容と同じですが、独立箇条になって「変更」が強調されたようです。建設業では変更は頻繁に発生しますから、通常はその対応にトラブルがなければ問題なく適合です。

8.4　外部から提供されるプロセス、製品及びサービスの管理
8.4.1　一般

第1章　1-5節（P.18）で説明したように、規格の意図と異なる「協力会社の評価だけのしくみ」からの脱却がポイントです。

ISO9001：2015では、従来の製品を提供する能力に基づいて外部提供者の評価、選択に加えて、新たにパフォーマンスの監視及び再評価を行う基準を決めて実施することが求められました。建設業では協力会社（外部提供者）の力量が品質に大きく影響します。従って、パフォーマンスの監視が実は重要であることは日常的な管理の実態から普通に行っていることです。

一般的な「パフォーマンスの監視及び再評価の基準」は「工程、出来栄えなどの品質、現場への協力度、他社との協調性」などが該当します。これを文書

化する必要があるかどうかは、会社の考え方です。記録は"これらの活動及びその結果生じる必要な処置"が要求されていますから、価格交渉、打合わせ議事録や日報、指示書などにその処置が残るとお考えください。

　見積りの段階で、**参考見積り**を取り受注した後、再度見積りを複数社から取って、**最終的**に1社に絞って取り決めるプロセスは、この要求を満たします。結果として、見積書、注文書や契約書等の購買文書がその「活動及び評価によって生じる必要な処理の記録」になります。

　ここで言う基準とは、決定するための各種条件のことですから（P.18 1-5節）、その基準が無くてはネゴができるわけがありません。基準は一律同じではないはずで、「基準の文書化された情報」は要求されていないので、何の問題もありません。

　2015年版では新たな箇条として"b）組織に代わって、外部提供者から直接顧客に提供される場合"が明記されました。これは、会社からの依頼で協力会社が、直接顧客へ製品やサービスを提供するケースで、小規模修繕とか、材料等の配送が該当します。

　この要求事項でMSに改善が必要なケースがあるとすれば、供給者とトラブルがある場合でしょう。日本社会の商習慣では、よほどのことがない限り、不適合はありません。ただし、最近のニュース等で見るように、倒産や金銭問題で二者間の争いに発展することもあるので、適切な管理や注意は必要です。

8.4.2　管理の方式及び程度

　2008年版の4.1の"アウトソースの管理"と、7.4.1の"管理の方式及び程度"が独立した箇条になりました。

　「外部から提供されるプロセス、製品・サービスに対してそれぞれ適切・妥当な方式と程度で管理を実施せよ」という意味です。画一的な管理ではなく、外部提供者に依存している重要度に沿った管理を要求しています。要求箇条が4項ほどありますが、日本の商習慣や社会文化から考えると、通常は**下請法**や建

> ワンポイント　参考見積り：協力会社の評価及び選定はこの段階からスタートしています
> ワンポイント　最終的：この段階までに複数回の再評価が基準とともに行われているのです
> ワンポイント　下請法：下請けの保護を規定している条項は、建設業法も下請法と同じ規定

設業法に従った管理がされていれば、まったく問題ありません。

もちろん、特別に「製品実現のプロセスまたは最終製品に及ぼす影響」に応じて、必要として定められた管理の方式と程度に従って、適切な検証や検査を行うことも含まれます。

8.4.3　外部提供者に対する情報

2008年版の購買情報と基本的には変わりませんが、事前に外部提供者に何を伝えなければならないかという箇条が6項目に増えました。目新しい要求は、"d)　組織と外部提供者との相互作用、e)　組織が適用する、外部提供者のパフォーマンスの管理及び監視"です。通常の下請け契約条件として相互に理解しているはずで、規格が新しくなったからといって、現在問題が無ければ改めて契約条件に追加する必要はありません。

ただ、これまで明確な取り決め条件などが無いまま、「阿吽」の関係が続いているような場合は、最低でも建設業法を満たす見積依頼や契約文書により、伝達などのしくみを見直す方がよいかもしれません。

環境では8.1で既述した"環境上の要求事項の伝達、及び潜在的な著しい環境影響に関する情報提供の必要性を考慮する"がありますが、これらに該当することは廃掃法、リサイクル法、土対法、騒音・振動規制法、フロン排出抑制法、消防法、石綿障害予防規則、火薬類取締法及び化管法等、かなりの部分は法に従っていればそのままで適合になります。実際には専門業である協力会社の方がよく知っています。この他、環境面固有の事例については第4章の説明を参照してください。

新規の取引等では当然、事前に様々な情報を相互に取り交わすので、関連する文書・記録を含めてその段階で適合と言えるでしょう。

継続的に取引が行われているような場合、相互に理解されている中では改めて伝達するまでもなく「すでに確立されている」と考えればよいでしょう。

8.5　製造及びサービス提供の管理

8.5.1　製造及びサービス提供の管理

2008年版の7.5.1に同じですが、「計画」は8.1に統合され、「管理された状態で

の実行」として、的が絞られました。難解な要求といわれた2008年版の"7.5.2項　製造及びサービス提供に関するプロセスの妥当性確認"に関する基本的な要求が要約されて本条項f)に入り、"g）ヒューマンエラーを防止する"が新規に追加されました。

　また、"適切なインフラストラクチャー及び環境の使用と力量を備えた人々を任命する"という要求が追加されています。つまり"7. 支援"がここで引用されているわけです。e）項の"力量を備えた人々を任命する"は、"7.2力量"に対応したもので、要員の配置に当たっては本人の持つ力量と業務への適格性に基づき決定することを明確にしていますが、会社の規模や業種・業態により"任命"の形は様々ですから、辞令が必要ということでもないのでこだわる必要はありません。文書化した情報として手順や記録は山ほどあるはずなので、新たな帳票や記録を作成する必要はまったくありません。

■8.5.1 f）項の製造及びサービス提供のプロセスの妥当性確認

　建設業では、一回でうまく作業を終了していかなければならないので、製造及びサービス提供に関するプロセスの妥当性確認の要求は、品質を工程で作り込むために事前に実証されたプロセスや手順を確立する考え方を示していることを考慮すると、製品やサービス提供のレベル（質）向上に有効かつ重要な規格要求です。

　ところが、なかなか理解ができなかったようです。多くの会社で特殊工程として、鉄骨の溶接と鉄筋の圧接に限定して、マニュアルに書いてあればよいという扱いでした（P.25 1-9節参照）。建設は一品生産ですから結果が出てからでは手遅れとなるプロセスをうまく行うために、準備段階で条件等の確立が重要で、その計画が確実になっていることに成功の秘訣があります。

　またこれは、製品の使用段階で不具合が顕在化してくる様々な工種（盛土・埋戻し後の沈下、溶接部の割れ、コンクリート打設時のジャンカ・気泡・充填不良、塗装やタイル張り後の浮き・剥がれ、設備や内装等の納まり検討のモデル施工等）における施工条件や施工要領等の実証確認に対する要求なのです。そのためには、実験や試験を行ったり、モックアップモデルを作ったり、机上で検討して実証したり、部分先行してプロセスを確認する等、施工条件を事前に決めたことが施工要領書等に反映されるはずです。

その他、後からでは取り戻せない時間という要素を考えると、「プロセスを最初に導入したときには妥当性が証明されていたが、時間の経過とともに妥当性がなくなっていることが想定されるため、妥当性を再確認する必要がある」のは工程表でしょう。

最初に全体の工程を作成するということは、そこに様々な工事を事前にシミュレーション（"7.1.6組織の知識"を活用し、歩掛や協力会社の能力を考慮して、実作業日数を計算し、それらの最善の組合せを計画して、期日までに工事が終了できることを実証）した結果の集合体です。

しかし現実は、すべて予定通りにはいきませんから、必要に応じて毎月、毎週工程表を作っているわけです。これは定期的に工程計画の妥当性を再確認していると言えます。

最初の工程計画（図2-6）と望ましい工程計画（図2-7）を見てください。最初の工程計画では、工期末近くになって出来高が急増していますから、現場はかなり混乱する状態が予想されます。

では、望ましい工程計画ではどうでしょうか。途中で施工班を二つに増やしてラップさせることで、竣工直前のドタバタが改善されます。このような検討は、全体工程計画時や途中段階で工程の遅れを回復するために一般的に行われていると思います。工程計画では当たり前の考え方ですが、規格が求める、

> "8.5.1 f) 製造及びサービス提供のプロセスで結果として生じるアウトプットを、それ以降の監視又は測定で検証することが不可能な場合には、製造及びサービス提供に関するプロセスの、計画した結果を達成する能力について、妥当性確認を行い、定期的に妥当性を再確認する"

に見事に適合しているのです。つまり、「事前にプロセスを工程表の上で組み立て、その妥当性を確認している」のです。

旧規格には確立すべき各種条件がありましたが、新規格では省略されてしまい、何を妥当性の確認で明確にするのかは、認証組織が決めることになりました。マニュアル等への記述も要求されていませんので、実際にうまくやっていれば不適合ではありません。

規格の適用では、このような考え方をどのように確実に利用するか、によっ

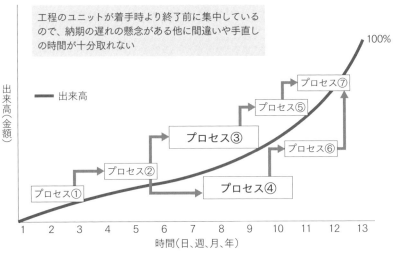

図2-6 最初の工程計画

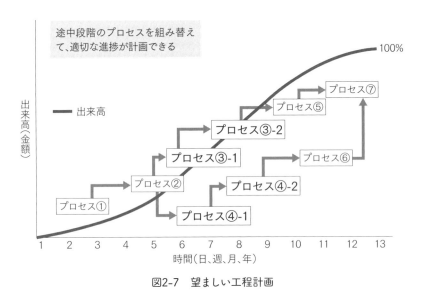

図2-7 望ましい工程計画

て会社の力に差が出てきます。

■8.5.1 g) 項のヒューマンエラーを防止するための処置

　新たな箇条ですが、通常、ヒューマンエラーの結果は原価増、手戻り・手直し、事故、工程遅延等となって現れます。また、顧客引渡し後は、故障・不具

合、クレームとなって現れるので、事前にヒューマンエラーを予測し、未然防止策をとることが重要です。ところが、ヒューマンエラーをなくすことは実際には非常に難しいのです。ヒューマンエラーはあらゆるところで発生するからです。

　現場では定着した活動として、前日の打ち合わせで翌日の作業の調整を行いますが、そこで、発生すると困る事象を考慮する機会があります。また、翌朝の朝礼後のKY活動でも当日のヒューマンエラーの防止に関連する認識を改める機会がある訳ですから、疎かにしなければこうした活動が有効な処置であると思われます。もちろん過去に発生した様々な手直し、不具合、クレーム等（"組織の知識"でもある）から"リスク及び機会への取組み"にも該当します。こうした活動は、建設会社にとって普段必死に取り組んでいることそのものです。

　その他にもう一つの"ヒューマンエラー防止"手段として、第3章で詳しく説明する「設計・開発のレビュー・検証の手法」があります。

8.5.2　識別及びトレーサビリティ

　2008年版の意図と基本的に同じです。トレーサビリティに対する記録の要求事項は、「文書化した情報」として、そのまま残っています。

　"識別 identification"はもともと「同一であること・同一であることの証明・確認・身元の証明」という意味で、製品であれば「同じようにできていること」の意味があります。具体的には製品の現物が一様にできていることの識別のためのマークや記号を表示する、固有番号を台帳に登録しておく、間違いが起きないように置き場所を変える等の意味で"識別"が用いられています。この活動も"ヒューマンエラー防止"につながっているのです。

　"一意の識別"（P.32 Column 翻訳の問題⑤参照）は、2008年版から出てきましたが、対象物が「他とは同じでない固有のもの」として特定できていると理解するとよいでしょう。

　"トレーサビリティ"は日本語としても一般的になったので、材料及び部品の源、処理の履歴、製品またはサービスの提供後の分布及び所在等、情報の文書化（記録）が必要ということは理解できるはずです。

8.5.3　顧客または外部提供者の所有物の管理

　外部提供者（協力会社）の所有物が新たな考え方として追加され、提供された所有物の適切性の管理はもちろん、紛失もしくは損傷した場合、顧客または外部提供者への報告と文書化した情報の要求は変わりません。

　特に建設業では、協力会社の占める比率が大きいことから、こうした対象物の管理が構造物の品質に与える影響は大きいので、規格要求に係わらず適切に管理されているはずです。

　顧客または外部提供者の所有物の例としては、協力会社の持ち込み材料・部品・機器、測量機器、特許となっている施工法及びメンテナンスやデータの適用、対象となる構造物や建物の図面や仕様書、設備情報(設備図、機器)、保安情報に加えて個人情報が新たに注記に入りました。

8.5.4　保存

　注記に、"保存に関わる考慮事項には、識別、取扱い、汚染防止、包装、保管、伝送または輸送、及び保護を含まれ得る"とあります。建設業では、何と言っても"養生"が分かりやすいでしょう。工事仕様書でも規定がありますので、その通り製品の品質が維持されていればよいのです。

8.5.5　引渡し後の活動

　規格8.2.3.1の箇条にある顧客が規定する要求事項には"ａ）引渡し及び引渡し後の活動に関する要求事項を含む"とあり、8.5.1 h）で管理された状態が指示され、それを受けた箇条となっています。従って、本来はこの箇条を顧客との契約時に明確にすることが望ましく、ここでは契約の通りにすることが要求されているのです。

　すべてに適用はできないかもしれませんが、契約上重要な事項は取り決めをしているのが一般的で、通常1～2年後検査とか瑕疵（かし）担保期間等が該当しています。その他、個々の契約条件等で同意したメンテナンスサービスや防水・製品の無償保証及び技術支援サービス等があります。会社の実績、経験、蓄積されたデータを活用し明確にしておく必要があります。

同時に、顧客満足の維持・向上や組織の知識向上にとって重要な事項です。

また、"e) 顧客からのフィードバック"もあるので、苦情等はこの箇条での対応になり、関連する他の箇条"10.2不適合及び是正処置"につながります。

8.5.6 変更の管理

今までの規格にはなかった"製造又はサービス提供に関する変更を、要求事項への継続的な適合を確実にするために必要な程度まで、レビューし、管理しなければ…"という箇条が新設されました。とは言っても、困ることはありません。建設では、計画時に予測できない変更事項が、施工段階で多く発生することがあるのは当たり前です。従って、ごく自然に対応ができているところです。

しかし、変更による影響とリスクを考慮し、変更の内容について、適切性、妥当性、有効性を十分検証し、程度に応じて権限を持った者が変更許可をすることは必要です。後になってトラブルが発生する確率が高いのは変更された部分です。また、現場で変更を処理してしまった後で、追加請求を起こしても取り合ってもらえない例をよく耳にします。適合性を維持するため変更の影響を考慮するレビュー結果を文書化した情報として保持することが会社の防衛にもなります。

8.6 製品及びサービスのリリース

2008年版"8.2.4製品の監視及び測定"の意図と大きくは変わりませんが、"リリースを許可した人に対するトレーサビリティ"が目新しい要求です。社内で後から「誰が許可したのかわからない…」ということが無ければ問題ありません。これも一つのリスクと考えれば、"リリースの許可を与える人"はそれだけ責任が重いという認識が必要ということです。もちろん"合否判定基準への適合の証拠"としての文書化した情報（記録）の要求事項は変わっていないので、許可した理由や証拠としての記録が要求されていると思った方がよいでしょう。

この箇条の適用について、元請会社と協力会社では、実際の対応が少し違うことを説明したいと思います。

元請会社の場合、次工程へのリリースも最終引渡しもそのプロセスが明確に

規定されているはずです。それで何ら問題はないのですが、協力会社の場合、発注者である元請会社へ、部分リリースや引渡した後も、他の工事は行われていることから、引渡し後の傷などが後々問題になります。竣工直前になって取り替えたり、やり直したり、壊したりしている事例をよく見かけます。

環境面から考えてもこうした側面は管理したいところです。協力会社にとって、これほど迷惑な話はありません。そこで、規格の箇条にある"a) 合否判定基準への適合の証拠"は後から発生する費用を最小化できる武器になります。そのように考え、規格要求を使って身を守って頂きたいのです。

8.7　不適合なアウトプットの管理 品

2008年版の"不適合製品の管理"と規格要求の意図は変わっていませんが、記録要求の箇条が8.7.2にまとめられました。不適合なアウトプットの対象は引渡し後や最終製品のみならず、施工プロセスの途中での不適合も含まれます。"不適合の性質、製品の適合に与える影響に基づいた適切な処置"が要求です。

旧規格での"文書化された手順"の要求は無くなりましたが、今まで手順を維持されていた会社はそのままでも構いません。手順には、その程度に応じた微妙な違いを表現できないので勢い過大な対応になることがありました。手順が無くても、その場の対応が適切であればよいことが新規格のメリットです。

不適合なアウトプットの処置について、"欠陥・不具合の修正、不適合なアウトプットの分離、散逸防止、返却または提供停止、顧客への通知、特別採用に基づく正式な許可取得"が要求されています。

通常、必要な記録は「苦情の報告書、不適合品報告書、是正処置報告書」等の「取った処置」に残りますが、要求は基本的には変わっていません。実際には8.7と10.2が同時並行した活動となります。規格は要素ごとに分かれているため、一部の初期対応などは重複した要求となっています。

9.　パフォーマンス評価 共

9.1　監視、測定、分析及び評価 共

9.1.1　一般 共

「何を、どのように、いつ監視・測定し、どのような評価・分析をいつまでに

行うのかを決めること」と、要求が明確になりました。

　通常、会社が行っている監視・測定に該当するのは、「受注高、売上（施工高）、未成工事支出金、施工利益、対予算原価、出来高、無災害労働時間、労働災害統計、産業廃棄物排出数量集計、CO_2排出量、クレーム件数」等が代表例です。こうした定常的な測定は、"9.1.3分析及び評価"に該当し、いずれも規格の要求を満たす活動です。

　というのは、単純に統計を取っているのではなく、会社の運用の状態を知る指標となって、何がしかのアクションまたは対応につながっているからです。このような活動がマネジメントシステム全体のパフォーマンス評価という規格の表現であると考えてください。「文書化した情報（記録）」が評価した結果の証拠として要求されていますが、会社にとって必要な情報のはずで、マネジメントレビューのインプットでも要求されていますので、何もないことは有り得ません。

9.1.2　顧客満足

　要求は変わっていません。ただ、注記が"顧客の受け止め方の監視には、例えば、顧客調査、提供した製品及びサービスに関する顧客からのフィードバック、顧客との会合、市場シェアの分析、顧客からの賛辞、補償請求及びディーラ報告が含まれ得る"と表現が少し変わりました。

　この他にも顧客満足の情報は、「顧客からの苦情、感謝状、契約のキャンセル、リピート依頼、顧客の評価点数制度からのフィードバック、竣工後のヒアリング等」が考えられます。項目の中には前項9.1.1との重複もあり得ます。

9.1.3　分析及び評価

　2008年版の「データ分析」よりも評価する項目が増えました。9.1.1、9.1.2で監視・測定したデータから、分析・評価の方向性を定めた要求となっています。

"a) 製品及びサービスの適合、b) 顧客満足度、c) 品質マネジメントシステムのパフォーマンス及び有効性、d) 計画が効果的に実施されたか否かどうか、e) リスク及び機会に取組むためにとった処置への取組みの有効性、f) 外部提供者のパフォーマンス、g) 品質マネジメントシステムの改善の必要性"

と幅が広がりました。要求箇条は要素ごとになっていますから、この項目ごとに何らかのデータを取るとなったら大変かもしれませんが、通常の活動で満たされています。「受注高、売上（施工高）、未成工事支出金、施工利益、対予算原価、出来高」などは上記のうちどれに該当するかを考えてください。a）〜g）項までは関連しています。e）はクレーム件数から評価できるはずです。会社の強み・弱みを客観的に判断できる内容にしておくと、次の内部監査、マネジメントレビュー、改善と具体的なアクションにつながる起点となるでしょう。

9.2　内部監査 共

　会社が必要に応じて行う内部監査を、認証機関が行うような審査と同じ方法にする必要はまったくないと考えますが、導入当初は**内部監査員研修**等で得た知識から見よう見まねで作った内部監査の"文書化された手順"に従うしかなかったと思われます。

　しかし、現在すでに大半の認証組織の維持期間が10年を超える状況なので、最近では、検出件数や改善事項も減ってきているのではないでしょうか。会社が決めた内部監査のルールに従って、監査する側もされる側も、決まりきったことを聞いて終了する監査からは改善点が出るはずがありません。その上、審査のたびに審査員からなぞられるため、変えたくてもなかなか変更できなかったと思います。

　"監査プログラムの実施及び監査結果の証拠として、文書化した情報を保持する"こと、すなわち内部監査に関する記録は従来通り必要ですが、2015年版での大きな違いは、内部監査の"文書化された手順"がなくなったことです。このため、第1章1.10節でも説明したように、会社の経営幹部が定期的に行っている監査活動等を有効に当てはめることが容易になりました。もともと会社の都合で内部監査の手順を決めてもよかったのです。規格には"手引きとしてJISQ19011を参照"という注記がありますが、この意図は内部監査の望ましい形や概念を示したものと考えればよく、認証機関の審査員であっても初めからこの通りにできるものではないのです。

> ワンポイント　内部監査員研修：規格では内部監査員研修は求められていません（P.25 1-10節参照）

ISO以前から会社の中に内部監査の機能をまったく持たない会社は存在しません。実際には、企業は気付かずに内部監査にあたる活動を実施してきました。これがうまく機能していれば、審査の前になって慌てて「内部監査ごっこ」をするような活動からは卒業できるはずです。もし、認証機関の審査で内部監査員研修機関が示したような監査活動が要求されていると思われているとしたら、そこには大きな誤解があるとしか言えません。

■**有効な内部監査への転換の可能性**

　会社の活動で内部監査の機能があると思われる活動は、パトロール、○○点検、巡視、巡回、検討会、○○の承認のための審議等が、その活動の持つ目的から規格要求に該当する活動と考えられます。

　このことは、**APG文書**「内部監査の有効性の審査」(http://www.jacb.jp/assets/files/pdf/apg/APG27.pdf) でも、

> 　この要求事項は、問題が起きたことを過去の履歴が示していたり、問題がいまも継続したりしている可能性がある、及び／又は（プロセス自体の特性のせいで）発生する可能性があるプロセス及び領域に、内部監査プログラムの焦点を当てさせることを意図している。これらの問題は、人的要因、プロセス能力、測定感度、変わりつつある顧客要求事項、作業環境の変化などの結果であるかもしれない。
> 　欠陥又は不適合リスクの可能性が高いプロセスに、内部監査プログラムの優先度を与えるべきである。以下のような要因によって影響される高レベルのリスクのあるプロセスの場合は、特別の注意を払うことが望ましい。
> - プロセス能力に深刻な結果をあたえる欠陥
> - 顧客の不満足
> - 製品（又はプロセス）に対する法・規制要求事項の順守違反

という説明があり、建設における工事現場に対する内部監査の重要性を示唆しています。

　当然、事故などが発生すると工程遅れや顧客の不満足、法違反などで会社が一番困る訳ですから、内部監査と呼ぶのかどうかは別として、社内監査者の目

> **ワンポイント**　APG文書：Auditing Practice、Groupが発行しているISO9001審査実務グループ解説文書、審査に関する様々なアイデア、事例、及び解説を掲載している。日本ではJACB（日本マネジメントシステム認証機関協議会）のwebサイトで日本語訳が公開されている。

①期首に目標として取り上げた業績の達成が可能か否かを、実態を調査して期末の予測を検証する必要がある時（定例の会議体や実績の報告または業績調査・実績集計）
　＊"9.1パフォーマンス評価"、"9.1.3分析及び評価"、"9.3マネジメントレビューのインプット"などに該当する
②工事現場の定期的な状況確認、及び工期遅れや予算割れが懸念されたり品質の作り込みが心配なため、経営者や会社の担当部署の責任者が行う確認（定例・臨時パトロール）
　＊"8.5製造及びサービス提供" "9.1パフォーマンス評価、9.1.3分析及び評価"などに該当する
③大きな事故や問題が発生したため、適切な修正を行い、その原因を把握し、対策を立案する必要がある時（深堀監査）
　＊"8.7不適合なアウトプットの管理"、"10.2不適合及び是正処置"にも該当する
④難しい仕事の受注に取組む時、その計画や実施案を審査する時（予防対策監査）とその提出前の確認及び受注後の着工前の工事施工検討会・フォロー（承認監査）
　＊"8.1運用の計画及び管理" "8.2.製品及びサービスに関する要求事項、8.3設計・開発のレビュー・妥当性確認"及び"9.3.3マネジメントレビューのアウトプット"などに該当する
⑤会社の幹部が中間検査や引渡しの前に行う社内検査で、顧客要求を満たしているか精査する必要がある時（中間時及び竣工前社内検査）
　＊"8.6製品及びサービスのリリース"にも該当する
⑥部署業務の実態を把握して管理手順の見直し（文書のレビュー）を企画するような時（業務改善監査）
　＊"7.5.3文書化した情報の管理"及び"9.3.3マネジメントレビューのアウトプット"にも該当する
⑦規制や法的な変更時、または同業他社の不祥事と同じような事態の発生がないか、会社業務規則の順守、顧客要求及び法的その他の要求事項に対する順守状況を確認する時（業務パトロール）
　＊"7.5文書化した情報の管理"、"8.5製造及びサービス提供" "10.改善"などに該当する
⑧組織変更を行ったが、混乱なく業務が遂行できているかを確認する時（経営者による巡回、幹部や上司の出先出張とか地方事務所等の巡回）
　＊"6.3変更の管理" "9パフォーマンス評価"に該当する
⑨大幅な人事異動を行ったあと、その異動の適切性や妥当性、新任の責任者が期待通りに業務をこなしているかを確認したい時（社長ヒアリング・業務点検）
　＊"5.3組織の役割、責任権限"にも該当する
⑩過去に実績の無い仕事を受注したが、営業や現場が計画通り進行しているか、追加の対策が必要ないか検討する必要がある時（検討会やレビュー）
　＊"6.1リスク及び機会への取組み、8.1運用の計画及び管理、9.1監視、測定、分析及び評価"にも該当する
⑪繁忙期または特定の部署が繁忙な時期に適切に業務が遂行できているかを確認すると同時に、必要な支援や応援者派遣等の処置を決定したい時
　＊"7.1資源、9.1監視、測定、分析及び評価"にも該当する
⑫社内外監査役の業務（会社法で要求される取締役の監視を業務として行う）
⑬社会的要求に応じたコンプライアンスに対する意識やその実施状況を確認する時
　　　　　　　　　　　　　　　　　　　　　　　　　＊が該当する規格の要求箇条の一例。

図2-8　内部監査プログラム例

が有効に機能するのです。

　図2-8に示す内部監査プログラム例は上記事項を含み、会社が「ある特定の目的を持ってしくみ上の改善点を探す」、「この規格の要求事項に適合しているか」という見方で通常は会社の中で行われている活動ですが、まさに監査の時期や目的を満たす規格が求める監査プログラムに該当します。結果としてそれぞれの活動の記録があれば十分に適合しているといえます。

　以上、考えられるケースを紹介しました。当然ながらこうした活動は、継続的にフォローすることが必要なはずですから、"あらかじめ定めた間隔"を伴って継続的に行われるはずです。同時にこうした活動が"9.2.1 a) 2) この国際規格の要求事項に適合しているか"という内部監査の要求を満たすことがお分かりいただけると思います。

　もちろん、これらの事例が即、そのまま内部監査となる場合もあれば、少しは内部監査らしく工夫して記録を残す必要があることをご理解ください。

　上記事例の活動に、もし不足があるとしたら、それは規格の求める内部監査であるということを理解していないこと、また活動の結果から、マネジメントシステムの変更の必要性に対する検討に結び付いていないことが考えられます。

　監査の公平性についても、例のような活動で自身の仕事を監査することはありえないのでまったく問題ありません。

　会社のしくみをさらに向上するためにどうすればよいかに焦点を絞って、内部監査プログラムを考え、実行し、その結果からしくみへ反映していくことが有効な内部監査と言えるのです。

■是正処置を含む監査と監視の違い

　これまで説明した日常的な監査の機能について、「そもそもそれは監査でなく、監視ではないか」という疑問を持たれることが多くあるので、両者の違いについて説明します。

　「内部監査（Audit）」と「監視（Monitoring）」の違いは、相手に対して「聴いているのか」、「聴かずに見ている」の違いです。

　付け加えて言うと、「測定」は毎月の売上の報告や、安全における無災害労働時間の数値の報告等のような、"9.1.3　分析及び評価"に該当する活動で、すでに確立している定期的なデータ集計のためとか、ある特定の目的のために測

定・報告されるものです。

例えば、苦情を受けたという報告を聞いた責任者は、もっと具体的な中身を知りたがるのが人の常であり、直接見に行ったり相手に聴いたりする時には、ある目的を持って「監査」を行っています。そしてその結果から、「苦情元に対してどのような対応をすべきか」、「全社員に展開する必要があるのか」、「会社としてどのように対応すべきか」、「直接の担当者に対する処置をどうするのか」等の対応策を決めていきます。つまり内部監査の結果、是正処置を行っていると考えます。当然何らかの処置（アクション）につながって、再発防止が図られるのではないでしょうか。そのような対応の必要が（記録が）無ければ、内部監査まではいかず、監視止まりかもしれません。

■経営者に対する内部監査

ISO9001：2000が発行された後で、経営者や管理責任者に対する内部監査について、**JAB Workshop**で「直接監査する必要はないが、規格の経営者の項は内部監査で確認すべき」と解説され、審査ではそこを確認しないとJAB立会審査で「不適合または注記」を受けるということがありました。まさに形骸化を押し付ける形式的監査だと言えます。何のためのISOなのかが、どこかへ行っていたようです。

ISO9001：2015では、監査の目的は大きく変わっていませんが、行間からは「会社のルール通り無駄なく仕事ができているか」という情報の提供が求められていると読めますから、経営者に直接聞くとか、規格の箇条を経営者以外の者が確認するような形式的な監査そのものが、それこそ有効な監査とみなされません（規格の意図には不適合になる）。

もともと規格では、内部監査を部署ごととか、人・役職者に対して行う要求はないのです。もちろん、規格の箇条ごとに監査することも要求していません。「この規格の要求事項」に適合していなければ、何らかのデメリットがあるわけなので、当然、適合状態にしなければならないことを求めているだけなのです。

内部監査プログラムの項でも紹介したように、経営者自身は会社法で監査役

用語解説 JAB Workshop：JAB ISO9001Workshop.ISO9001：2000年版の規格の考え方や運用について書かれた解説書（2002年8月発行）

の監視下にあります。監査役を持たない小規模企業では、経理や総務・管理等の役職者が経営者に会社の状況や制約事項を報告したり、経営判断に対するリスク対応等、決定の前にコミュニケーションがとられるはずです。

また、定例の会議や業績等の監視から、得られた情報が経営者にフィードバックされているはずです。結果として、方針の変更や具体的な対策が講じられると思います。こうした活動・機能が有効であることが確認できれば十分でしょう。

9.3　マネジメントレビュー 共

マネジメントレビューの基本的な目的に変更はありませんが、考慮に入れる内容としていくつか新たな事項が"4.1組織及びその状況の理解"との関連から追加され、"MSが引き続き、適切、妥当、かつ有効でさらに組織の戦略的な方向性と一致していることを確実にする"が加わりました。

組織をとりまく環境の変化、組織が意図する成果からの逸脱、または有益な成果をもたらす状態との関係等を考慮し、トップマネジメントが直接マネジメントシステムの変更を推進し、継続的改善の優先事項を指揮することが趣旨です。大変残念なことに、マネジメントレビューは経営者としての決定に関する活動そのものであるにもかかわらず、現実と審査用のしくみが遊離している会社が多いのです。

実際にはISO以前からマネジメントレビューをしていない経営者は皆無といってよいのですが、それが規格で要求され、その中身を審査員が見るといった時に、見せるためのマネジメントレビューが出来上がってしまったのです。ただし、認証の維持期間が長くなるに従って、ある意味で企業活動の「見える化」活動、つまり経営者に提供する情報の一つとして有効に定着している例も見られるようになりました。

9.3.2　マネジメントレビューへのインプット 共

品質と環境ともに旧版と比較した場合、9.3.2項インプット項目の構成が少し異なります。インプット項目が増えましたので、**表2-3**にまとめてみました。以下、各項目について要点を説明します。

表2-3 マネジメントレビューのインプット

	品質		環境
a)	前回までのマネジメントレビューの結果とった処置の状況	a)	前回までのマネジメントレビューの結果とった処置の状況
		b)	次の事項の変化
b)	品質マネジメントシステムに関連する外部及び内部の課題の変化	1)	環境マネジメントシステムに関連する外部及び内部の課題
c)	次の示す傾向を含めた、品質マネジメントシステムのパフォーマンス及び有効性に関する情報		
1)	顧客満足度及び密接に関連する利害関係者からのフィードバック	2)	順守義務を含む、利害関係者のニーズ及び期待
		3)	著しい環境側面
		4)	リスク及び機会
2)	品質目標が満たされている程度	c)	環境目的が達成された程度
3)	プロセスのパフォーマンス、並びに製品及びサービスの適合	d)	次に示す傾向を含めた、組織の環境パフォーマンスに関する情報
4)	不適合及び是正処置	1)	不適合及び是正処置
5)	監視及び測定の結果	2)	監視及び測定の結果
		3)	順守義務を満たすこと
6)	監査結果	4)	監査結果
7)	外部提供者のパフォーマンス		
d)	資源の妥当性	e)	資源の妥当性
e)	リスク及び機会への取組みの有効性(6.1参照)	f)	苦情を含む、利害関係者からの関連するコミュニケーション
f)	改善の機会	g)	継続的改善の機会

a）前回までのマネジメントレビューの結果とった処置の状況

　これは変わっていませんが、前回までのペンディング事項を放置しないための重要なチェックポイントです。

b）外部及び内部の課題の変化

　新たなインプット項目です。経営者にとって最も関心のある事項の一つで、日常的な会議体や年度の締めくくりから次年度への課題や業務プロセスの改善・改革、営業・入札関連の動きや下請けの状況、人的資源などが該当するものの、液体のような扱いにくい情報と考えます。

　環境独自の項目として2）順守義務を含む利害関係者のニーズ及び期待、3）

著しい環境側面、4) リスク及び機会 の3つありますが、顧客への提案や近隣からのクレームなどへの対応など、実際には発生時あるいは個々のプロジェクトなどの判断の時に一緒に取扱われることが多いと思います。こうした事項を年度でまとめても、既に終了しているはずですから有効なインプットにはなりません。

c) 品質と環境のパフォーマンスと有効性に関する情報

　ここでは、「作業効率や計画通りの進捗ができているか、失敗や苦情などで影響を受けていないか」など、他の項目とも関連しますが、これらのインプットも、日常的な対応がされているはずです。

　従って、様々なインプット項目に対して、例えば年度の実績などを通じてまとめ上げる事項と日々の活動の適切なタイミングで検討する必要がある項目とがあってもよいのです。実際には日常的に入るインプットからその場で即、アクションを起こすのが普通です。

　基本的に規格が要求する箇条は、万遍なく検討すべき事項の目の付け所であるとともに、すべての業種に共通する要素として表現されているために、実際の業務とのつながりが分かりにくくなっています。

　しかし、実際の業務でやり取りする情報には、上記の要素が必ず入るので心配はいりません。インプット箇条に対して一つひとつ対応する必要もありません。

　また、一度に必ずしもすべての項目が揃っていなければならないわけではなく、必要なインプットは、例えば、重大な顧客クレームが発生したり、製品品質事故や環境影響問題が発生すれば否が応でも入ってきます。どのように対応すべきか考えれば、その時の判断に必要な情報（インプット）が経営者から要求されるはずで、当然ながら的確な処置を指示されているはずです。決定の迅速さが求められている時代、次のマネジメントレビューまで待てるわけが無いのです。

　従って、それらの結果のフォローが重要です。経営者のみならず、言いっ放しにしないために、様々な会議等においても前回までの懸案事項はどうなっているかを確認する習慣をつけておくことをお勧めします。

■多様なマネジメントレビューの形態に沿ったアウトプット

　内部監査も同様ですが、マネジメントレビューにもいろいろな形態があると考えて頂きたいのです。もちろん、年度末や新年度等すべての項目について総合的にまとめて、その期の反省から次期の計画に反映していれば、意味のある適切な適用と言えます。

　表2-4に具体的なマネジメントレビューのアウトプット例を示します。何らかの文書が存在することを想定しました。

　この表にあるように、規格が求めるアウトプットは、決定のプロセス及び結果ですから山ほどあります。当然、関連するインプットもこれ以上にあるため、あらためてマネジメントレビュー記録を作らなくてもよいのです。

表2-4　マネジメントレビューからのアウトプット例

マネジメントレビューからのアウトプットの例	品質	環境
1) 今までのペンディング事項の解決	a)	a)、b)
2) 新年度の方針立案、目標等の設定、経営計画の立案	a)、b)	d)
3) 稟議書や決裁書等の承認	b)、c)	c)
4) 工事受注への取組み、入札金額の決定	a)、b)	a)、b)、c)、d)、e)、f)
5) 日々発生する様々な問題や報告に対する経営者からの指示	a)、b)	a)、b)、d)、f)
6) 小規模会社では朝、夕方の打合せ	a)、b)、c)	a)、b)、c)、d)、e)、f)
7) 毎月の入出金や損益の状況等から翌月の計画	a)、b)、c)	c)
8) 人的資源の運用（組織構成の見直し、人事異動、昇格、採用の決定等）	b)、c)	c)
9) 資材・機器類の購買又は廃棄	c)	a)、c)
10) 重要事項に対する予防的な処置の立案	a)、b)	a)、b)、e)、f)

*EMSのアウトプットには番号が振っていないので以下のように整理する
a) 環境マネジメントシステムが、引き続き、適切、妥当かつ有効であることに関する結論
b) 継続的改善の機会に関する決定
c) 資源を含む、環境マネジメントシステムの変更の必要性に関する決定
d) 必要な場合には、環境目標が達成されていない場合の処置
e) 必要な場合には、他の事業プロセスへの環境マネジメントシステムの統合を改善するための機会
f) 組織の戦略的な方向性に関する示唆

この例は決定のプロセス及び結果です。従って、規格の要求では経営者の行動から出されるアウトプットに該当し、何らかの記録文書が存在することを想定しました。

■実態に即したマネジメントレビューの結果の証拠としての記録

　規格が要求する結果の証拠としてのマネジメントレビュー記録についても、インプットやアウトプットをすべて記録に残していなければならないとは考えなくていいでしょう。何が会社に必要なのかを考えれば、自ずと記録として残るはずです。この活動の有効性を実感できるのは審査員ではありません。会社自身であり、経営者自身です。そして、記録の程度や内容の程度も会社の事業に見合っていることはいうまでもありません。

　例えば、口頭で指示（アウトプット）され、指示の記録が無い場合でも、指示された部署から報告されるものには、その指示が含まれているはずなので、報告や決裁書または稟議書は、何らかの改善が含まれている証拠としての記録になります。通達文書類や連絡事項、人の採用、人事異動通知、組織の改編、協力会社の選定、営業戦略の決定、営業所等の拠点の改廃、新年度の挨拶文または所信表明文書、経営計画書、目標が達成されていない時の処置、実績報告書、特定の顧客宛の文書やCSR等の対外発行文書の作成・承認、業務の効率化の指示、資機材の購入・廃棄等の承認・決裁行為等、すべてマネジメントレビューの結果の証拠と言えるのです。

　つまり、会社にとって必要な記録は常識的に残ると考えればよいのです。

10. 改善
10.1 一般 共

　"認証の運用の成果"を得るために改善を規格要求として明確にし、是正処置、継続的改善、現状打破、改革のほか、組織再編まで踏み込まないと効果がないことが注記で示唆されました。今までの継続的改善に対する考え方をさらに推し進める規格改訂の意気込みが、この注記に表われているようです。また、"将来のニーズ及び期待に取組むための、製品及びサービスの改善"が新しい要求で、改善のあらゆる要素を並べていると考えられます。従って、この機会にこれまでのISO認証の考え方やマニュアル等から脱却することも改善活動のひとつです。規格の意図は各要求のすべてを満たすことよりも、様々な機会に改善につながる行動を求めていると理解すべきです。

10.2　不適合及び是正処置 共

　苦情を含めて不適合に対する"修正及び是正処置"が明確になりました。状況のレビューから原因を明確にして、類似の不適合の有無、またはそれが発生する可能性等の評価から再発防止の処置、取った処置の有効性のレビューを要求しているプロセスは、基本的に変わっていません。

　新たに追加された箇条は、"e）必要な場合には計画の策定段階で決定したリスク及び機会を更新する、f）　必要な場合には品質・環境マネジメントシステムの変更を行う"があり、要求が具体的な対策となりました。

　是正処置の記録に関しても、本質的に変わっていませんが、従来よく見られた「是正処置報告書」に書かなければならないという要求はありません。この様式の方が使いやすければ、使っても構いませんが、是正処置にはその事象によって様々なレベルの内容や手順があるため、実際には定型様式は書きにくいはずです。特に顧客や対外的に提出するとか、社内に周知するような場合は、その内容に応じて会社が決めた文書でよいのです。

10.3　継続的改善 共

　品質は2008年版と基本的に変わりませんが、環境はこれまで継続的改善の要求はありませんでした。システムの改善から有効性の改善、つまり環境パフォーマンスの向上が要求された点で、大きな変化です。品質では、"分析及び評価の結果並びにマネジメントレビューからのアウトプットを検討すること"が目新しい要求となりました。マネジメントレビューの意図を考慮すれば、ごく当たり前の要求と言えます。

　要求事項の各箇条で求めているのは、認証を受けている会社の成長、向上のための方法です。特に改善については品質で14カ所、環境で11カ所と規格のあちこちに分散されて要求されました。しかし、実際には複数箇所の要求に重複がありますから、何か一つ改善があったら、何カ所もの改善要求を満たすことになります。社員一人ひとりの改善努力が、企業全体の改善になるのです。

2-3 改訂規格の読み方

　2015年版の品質・環境マネジメントシステム規格の概要は以上です（品質の"8.3設計・開発"は第3章、環境独自の要求事項については第4章をご覧ください）。

　2015年版の最も大きなポイントは、規格に対するこれまでの考え方を変えることです。運用の成果を想定し、その獲得を要求しているからです。その際、ぜひ忘れないで頂きたいことは、結果もさることながら、その途中過程が最も重要であることです。

　以前は途中段階では手直しも修正も当たり前、最後にきれいに仕上げてそれが評価されました。最近では最終的に顧客へ引き渡す製品が良いのは当たり前で、結果に至る途中過程が評価される時代になってきました。要求のレベルが上がってきているのです。また、競合他社のレベルも同様に上がってきているということです。そのような環境の中で、どうしたら自社の評価を良くできるでしょうか。もはや途中過程が悪かったら、決して高い評価は得られません。

　また、不幸にして失敗したり、問題が発生しても、その対応次第では逆に評価が上がることも考えられます。いわゆる「災い転じて福となす」ことができるかどうかで会社の評価は大きく分かれます。

　他社との差は、このような過程の見せ方で他社との違いを、いかにうまく演出することができるかにかってきていると思います。せっかく取り組むのであれば規格の要求をうまく自社の改革に利用してこそ価値を高められるというものです。

第3章

設計・開発での ISO9001の活用

　本章では、"8.3設計・開発"に的を絞り、ISO9001:2015の要求を使って確実な仕事の手段を提供できる考え方と従来の規格適用の常識を破った活用方法について紹介します。小規模会社でも、無理のない規格の適用が可能になります。

■8.3　設計・開発とは

　1994年版では設計の対象はあくまでも「製品の設計」に限定されていました。設計を含まないISO9002：1994（JISZ9902：1994）という規格があったため、設計を製品とする場合は「提供する製品及びサービスの設計に適用しなければならない」という原則です。そのため建設業においては設計業務に限定した適用を義務付けられているという理解が浸透しました。もともと建設では業務として、その役割・権限が「設計」と「施工」で明確に分かれているため、JISZ9901：1994の適用は設計を保有する企業では必須とされたのです。逆に設計のない場合、除外することが当然という考えでした。2000年版以降、サービス業への適用が広がったことから、「サービスの設計」への適用が議論され、表現は同じでもサービス業を意識した解説が出てきました。

　その変化は以下のとおりです。

① 　1994年版"製品の設計を管理し…"
② 　2000年版から2008年版までは"製品の設計・開発の計画を策定し…"
③ 　2015年版では"以降の製品及びサービスの提供を確実にするために適切な設計・開発プロセスを確立し…"

　ここで言う製品についても、建設会社の製品は「建設物」という固定観念が

あります。しかしながら「施工」という「サービス」が重要になってきた時代であることは第2章（2-3 改訂規格の読み方）でも説明した通りです。

英語の「デザイン・デヴェロップメント」は、設計というより「仕事のしかたを開発し、デザインする」というニュアンスを持っています。特に、一つひとつの工事が、営業から完成まで同じことはありえないので、建設業のような一品生産活動では非常に有効な規格要求なのです。

規格がレビュー・検証・妥当性確認という3種類の異なるチェック及び結果の記録を要求しているのは、途中段階やプロセスの節目等の変化点における検討が重要であるからだと気が付くと思います。

ある段階でチェックした記録は、次の段階の計画プロセスで適切にPDCAを回すための重要な情報を含んでいるので、実際には検討した結果の記録は手元に残されているはずです。

さらに品質の"8.5.1g) ヒューマンエラーを防止するための処置"として、この規格の要求を応用して、異なるチェックのしくみとして定着させると確実な業務の実行に有効な手法となります。

過去の経験で「多くの間違いやミス」の原因に、このチェック漏れ、本人の勘違いはなかったでしょうか。もし、このような間違いを経験していたら、再発防止として、既にこの設計・開発の規格に当てはまるチェックのしかたやチェックの記録を残していると思います。上からの目線で「設計・開発を適用しなさい」と言っているのではありません。ISOの認証を維持されているなら、規格の要求を仕事に取り込んでうまく活用することがリスクやミスの低減につながる可能性があることをお伝えしたいのです。

■規格要求事項の適用の考え方について

第2章で品質MSの適用範囲に"8.3 設計・開発"の除外について説明しました（P.40）。

一般的に多くの顧客は、「図面通りに、そして法規制等の要求事項を順守して、きっと満足のいく製品（建築物及び土木構造物）を作ってくれるであろう」という期待と、「あの会社はしっかりした経営のシステムがある」という安心感により依頼先を選択し、発注すると考えます。従って、その期待に応えるべく、間違いなく確実な施工を提供しなければなりません。そこには会社の能力

があり、責任が生じていると考えます。
　"4.3適用範囲"の決定には、

> "対象となる製品及びサービスの種類を明確に記載し、組織が自らの品質マネジメンシステムの適用範囲への適用が不可能であることを決定したこの規格の要求事項すべてについて、その正当性を示さなければならない。適用不可能なことを決定した要求事項が組織の製品及びサービスの適合並びに顧客満足の向上を確実にする組織の能力または責任に影響を及ぼさない場合に限り、この規格への適合を表明してよい"

とありますので、本来重要な施工の計画等は除外してはならなかったのではないかと考えます。以下の例は、能力・責任に該当すると考えられるミスの例です。

> **例**
> - 提出前の社内のチェックが不十分のため、顧客に間違った見積りを出してしまう。
> - 入札の後で見積りの間違いが判明する。
> - 契約した工事の計画が不十分なため予定通りに進められず工期が遅れる。
> - 施工中に大きなミスまたは事故が発生し、手直し等で周囲や顧客に迷惑をかけてしまう。

　こうした問題によって工事が予算通りにできなくなると、たいていの場合、赤字工事になりかねません。これらに共通する原因として考えられるのは、特に営業から工事着手段階における計画の不備または準備不足です。仕事のデザインは適切であったのかと考えると、このデザインプロセスのどこかが不足すれば、上記のようなミスが発生するリスクがあるのです。その時の反省点、原因を明確にすることが、会社の力量向上に役に立ちます。こう考えると営業見積〜施工計画のプロセスは、まさに"8.3設計・開発"に当てはまっていると言えます。
　このことはAPG文書の「設計及び開発プロセスの審査」においても、

> 「ISO9001：2008の7.3項では製品及びサービスにおける設計及び開発についてしか言及されていない。しかし、一部の組織において、プロセスの設計及び開発に同じ考え方を適用することは要求されていないが、有益であるかもしれない」

とあります。

　一方、近年地方における公共工事で、予定価格が明示され、同一価格の場合はくじ引きで決まるような入札の場合や、工事の方法も従来通りで比較的容易な場合には、該当しないかもしれません。従って、適用除外が可能なケースは、
① 設備や材料を顧客から提供されて、顧客の仕様通りに施工をするような場合（最近は少ないが、昔の土木工事はこの形態が主流）
② 顧客の指示に従って、設備・労務だけを提供する場合（2次、3次下請けに多く、必要な道具・設備類を含む労務の提供）
③ 法律や確立されたその他の要求に従い、決められた通りに行う作業（大臣認定工法の施工、固定資産査定や補償コンサルタント）
等が考えられます。要するに、あれこれ考える必要がない仕事です。

　ただし、製品の設計以外でも"以降の製品及びサービスの提供を確実にするために"会社として必要な何らかの計画をしていれば、設計・開発の要求要素に該当している可能性があります。従って、当社には設計部門が無いからという理由だけで"8.3設計・開発"を除外するのではなく、積極的に規格の活用に挑戦して頂きたいのです。

■2015年版への経緯

　これまで対象は製品の設計に限定されていたのに対して、2015年版の改訂作業では、「ハードウェアの設計よりサービス業へ適用しやすい表現に努める」ことが検討されたと言われています。

　2013年に公開されたCD版（図3-1）で規格改正の作業段階ごとの変遷についての流れを紹介します。

　CD版においては設計という用語が消えています。「開発」への表現の変化は、非常にドラスティックであり、サービス業への適用を意識していることが見てとれます。もし、このままであったら建設業においても除外ができないという理解につながったかもしれません。

　さらに2014年に発行されたDIS版（図3-2）では、基本構成（計画、インプット、管理、アウトプット、変更）がCD版を引き継いだ表現になりました。

　それでも、どのような場合に適用すべきかを検討した跡が"8.3.1一般"に表現されています。結果として、FDIS版（図3-3）の最終版では、基本構成はDIS

```
【CD:2013】8.5商品・サービスの開発
8.5.1　開発プロセス
組織はプロセスアプローチによって、商品・サービスの開発のためのプロセスを計画し、実施しなければならない。開発プロセスの段階と管理を決定する際、組織は次を考慮しなければならない：
a）自然、期間と開発活動の複雑さ、
b）特定のプロセスの段階や管理を指定する顧客、法令規制要求事項、
c）開発される特定の種類の商品・サービスにとって、本質的なものとして組織によって指定される要求事項…
8.5.2開発管理
…
```

図3-1　CD版

```
【DIS:2014】8.3 設計・開発
8.3.1　一般
組織の製品及びサービスの詳細な要求事項がすでに確立されていない場合、または顧客や他の利害関係者によっても明確にされていなくても、製品またはサービス提供に関して適切であるためには、設計・開発のプロセスを確立し、実行し、維持しなければならない。
注記1：組織は、箇条8.5に規定された要求事項を、製品及びサービス提供のプロセスの開発に
　　　　適用することもできる。
注記2：特にサービスでは、設計・開発の計画は、サービス提供の全体のプロセスに適用しても
　　　　よい。組織は、従って8.3と8.5を一緒に考慮することを選択することができる。
```

図3-2　DIS版

```
【FDIS:2014】=【ISO:2015】8.3 設計・開発
8.3.1　一般
組織は、以降の製品及びサービスの提供を確実にするために適切な設計・開発プロセスを確立し、実施し、維持しなければならない。
```

図3-3　FDIS版

用語解説　CD版：2013年9月に公開されたCommittee Draftの略称　ISO技術委員会の原案のことをいう。この時は、「製品」を「商品」という表現に変更された

用語解説　DIS版：Draft International Standardのことで、前年発行されたCD版に対する意見をISO技術委員会が検討して発行した国際規格の原案

用語解説　FDIS版：Final Draft International Standardのことで、DISに対する意見をISO技術委員会が再度検討して発行した国際規格IS の最終原案

と変わらず、"8.3.1 一般"の表現がCD版に比べて後退しました。

このように2015年版の設計・開発は、2008年版に比べてもさほどの変化はない形に落ち着きました。しかしながら、2015年版規格巻末の解説に書かれている理由を見れば、改正版の本来の意図が理解できます（図3-4）。

---

4. 審議中に特に問題となった事項
4.1対応国際規格の審議中に問題となった事項
ｃ）サービス分野への配慮
…また、design（設計）という言葉がサービス業になじまないということでdesign and development（設計・開発）のdevelopment（開発）への置換え、設計・開発のreview（レビュー）、verification（検証）、validation（妥当性確認）などの用語を使用しないこと、及び設計・開発に関する要求事項を簡素化することが議論された。これに対しては、製造分野の人を中心に品質保証ができないサービスにおいてもdesignは重要であるなどの反対意見があり、用語の置換え・削除を行わないこととなった。ただし、設計・開発の要求事項については、ISO 9001：2008に比べて表現が簡素化されている。

図3-4　ISO9001：2015年版巻末解説

以上のような変遷を考慮すれば、企業の計画策定力の向上のために、設計業務のみの限定した規格の適用を卒業し、重要な計画立案時には意識して使うことがよい結果につながると考えます。

■8.1 運用の計画と8.3 設計・開発の違い

"8.1運用の計画及び管理"を適用しているから"8.3設計・開発"は適用しなくても良いという考え方も、ある意味では当然だと思います。しかし、同じ計画のプロセスであっても、その計画作成過程におけるチェックや検討した記録を明確に要求されているのか（8.3.4）、要求されていないのか（8.1）の違いがあるだけで、実質的には計画作成のプロセス自体は変わりません。以下に一例を紹介します。

例

現場担当に任せていたため、経験不足から失敗をして大きな手戻りが発生し、工期が遅れたとします。失敗した部分（不適合）の管理と処置は会社を挙げて対応するはずです。
問題はその後の是正処置です。具体的に計画のどの段階に不備があったのか、という真の原因の追求は、担当者本人や関係者からの聞き取りが中心となり、真の原因の把握は困難かもしれません。もし、設計・開発の規格要求を満たす

ために施工検討会等で事前に社内の衆知を集めて計画をしていたら、防止できていたかもしれません。

要は、"設計・開発"の規格要求を応用すると、ミス防止のしくみに活用できると考えられるのです。"8.3設計・開発"の要求事項では、それぞれのプロセスの段階における計画に対して、異なる目的を満たす記録が要求されているので、後から振り返ってその記録から計画プロセスの良し悪しの判断ができます。

図3-5はそのことを明快に示しています。

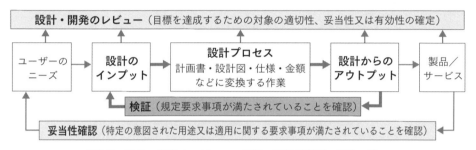

図3-5　設計・開発のレビュー、検証、妥当性確認の目的の違い

インプットを変換したアウトプットのサイクルは、1回とは限りません。何度もまわると考えれば、インプットには前のプロセスのアウトプットが含まれることは明白です。つまり時間の経過とともに何回もアウトプットがでてきます。その段階ごとにインプットと対比したチェックとして"検証"が要求されています。

> **例**
>
> 　顧客との複数回の打合せによって、次第に成果品の完成度が上がるプロセスを考えてみます。
> 　典型的な住宅の設計等では、顧客提出前の社内説明には、その段階の"アウトプット"があり、社内の意見"レビュー"によって修正した成果品"アウトプット"を使った顧客との打合せの結果が次の段階の"インプット"になるのです。このような事例でも"レビュー・検証・妥当性確認の記録"が存在します。

ISO9001：2008と同じように2015年版でも、

"注記　設計・開発のレビュー、検証及び妥当性確認は、異なる目的をもつ。これらは、組織の製品及びサービスに応じた適切な形で、個別に又は組み合わせて行うことができる"

という注釈が付いたことで、この規格の適用が容易になっています。

　つまり、レビュー、検証、妥当性確認をそれぞれ単独に行ってもいいし、一緒にまとめてもいいという非常に自由度が高い運用が認められているということです。当然、これに伴う記録についても同様で、記録の識別をする必要があるかの判断は企業にあります。

　この考え方を様々なチェックや承認のプロセスに応用すると、この規格要求は人の弱点である間違いを防止することを可能にする非常に有効なチェックのしかたを提供していると考えられるのです。従って2015年版の、"8.5.1g）ヒューマンエラーを防止する処置の実施"の手段として活用できます。

　つまり、ある計画の立案等でその目的は明確でも、途中の状態が、それでよいのか判断が出来ないような（最初は予想しか出来ない）時に、この規格要求を考慮（適用）することによって、検討途中段階において一層確実な"レビュー"が可能になり、その段階ごとの"インプット"を満たす検証を行うことでミス防止が期待できるのです。

　別の見方をすれば、"8.1　運用の計画及び管理"では計画のアウトプットの形式としての「入れ物」が提供され、"8.3　設計・開発"では、「計画の考え方とチェックのしかた」を提供しているとも考えられます。

8.3.2　設計・開発の計画

　規格が要求しているのは"設計・開発の段階及び管理を決定すること"で、「設計計画書」を作ることができればそれに越したことはありませんが、計画書の様式でなければならないとは要求されていません。何事にも計画は存在します。その計画を適切にするために考えるべき事項として、箇条がa）項からj）項と2008年版よりかなり増えました。

　そして"j）設計・開発の要求事項を満たしていることを実証するために必要な文書化した情報"は、計画を記述した文書とその後の記録についても明確に

することが要求されました。これらは今までの規格にはなかっただけで、確実な業務を遂行するために、会社のルールとしてすでに確立しているはずです。

　ポイントは、b）項の設計・開発の「段階」をどのように考えるかによって、それ以降の"レビュー、検証、妥当性確認"をどうするかが決まってくることです。通常は習慣として、または会社のルールとして、段階（入札への取組み、積算または概要・企画設計、原価検討または基本設計、入札金額の決定、受注後の体制確立、施工計画または詳細設計、着工準備または実施設計、施工、…）が決まっているはずです。当然、プロセスの進行に伴って様々な変更が発生するので、適切に計画を更新（レビュー、検証、妥当性確認の時期や内容、方法のアップデート）しなければなりません。

> **例**
> ①最初のキックオフや途中段階における打合せのたびに、次回打合せまでにどうするのか、最終成果品の提出時期や途中段階の打合せ程度は、最低でも決めていると思います（これが計画更新の一部）。従って、それぞれの打合せのたびに議事録が残れば、そこには文書化した更新された計画があり、何らかの文書または記録ができているはずです（例えば**白板**に提出日とか次回打合せ日が表示されるとか打合せ記録をメモする）。
> ②社内の文書発行の権限や上司が必ず確認して発行の承認をすること、またはその日程が**ルール**として決まっている場合、最初の打合せや段階ごとの打合せ議事録等で、次の打合せまでの予定が明確になっていれば、そこには、次までの計画と"レビューや検証、妥当性確認"の予定が存在していると思われます。
> 　場合によっては、具体的にどのようなアウトプットが必要かを決めることもあるはずで、それらはまさに設計・開発の計画に該当します。もちろん"8.1運用の計画"で要求される計画のアウトプットの形式を考慮することによって、より確実な計画の策定ができると考えます。

👉 **ワンポイント**　白板：規格は、計画が紙でなければならないとは要求していないので、どんな形でも計画があればよいと理解できます

👉 **ワンポイント**　ルール：通常、長年の習慣または会社の決まりで、経営者の承認までの手順はあるはずで、そこにレビュー、検証、妥当性確認の機能があります

8.3.3　設計・開発のインプット

　計画の段階やその後の調査、検討で得られたあらゆる情報がインプットであり、そのまま記録になります。受領した資料や打合せ議事録はインプットの典型と言えます。a）〜e）項は、担当者や会社にとって検討の忘れ物が無いように幅広くチェックするための項目と考えます。

　そして、インプットは時間の経過とともにその情報量が増えることから、前後のインプットに矛盾が無く、適切であることをレビューするのは当然です。

　また、次項の"8.3.5アウトプット"が、次の段階におけるインプットになることも忘れないでください。

8.3.4　設計・開発の管理──「検証」は忘れ物防止

　これまでレビュー、検証、妥当性確認は単独の要求でしたが、この箇条（8.3.4）に取りまとめられました。それぞれ適切に行い、その結果の記録が要求されているのは変わりません。そして、"8.5.1g）ヒューマンエラーを防止する処置の実施"の手段になるとしたのは、プロセスの結果として計画書や報告書、検討書等のアウトプットが、それまでのインプットを満たしているかを対比して検証することが、重要なチェックの方法になるからです（図3-6）。その記録は図面や打合せ書等にチェックしたそのものでなければなりません。別様式のチェックシート等に日付を入れても、それは記録になりません。

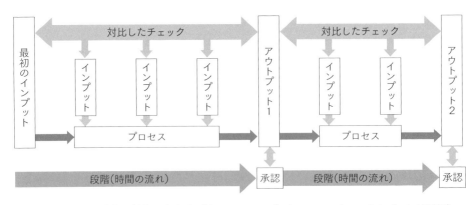

図3-6　設計・開発の検証の考え方（すべてのインプット、チェック、アウトプットが記録）

アウトプットはいろいろな形で出てきているので、インプットに対比できる検証が要求されているのは、ある意味で当然です。インプットに対してアウトプットが満たされているか、確実にチェックすることが重要です。

　従って、検証は担当者によるチェックが望ましいと言えます。担当者以外の方が検証しても構いませんが、その際、検証者は自分のインプットまたは目の前のインプットしか分かりません。その他の詳細までわからないので、どちらかと言えば設計・開発のレビューになってしまうと考えます。もちろん検証には、「別方式の計算」や「試験及び実証」等の高度な手段もありますが、最低限の基本は、"アウトプットがインプットを満たしているか"に尽きるのです。

　新規格では"7.3.3　設計のアウトプットは、…リリースの前に承認を受けなければならない"が無くなりましたが、"8.6　製品及びサービスのリリース"で"…適切な段階において、計画した取り決めを実施しなければならない"と形を変えてまとめられたようです。実際には担当者自身で検証して、インプットをすべて満たしたことを確認（検証）のうえ、上司（第三者）の承認（レビューまたは妥当性確認に該当することが多い）を受けることが自然な流れです。

8.3.4　設計・開発の管理 ── レビューは計画の価値を上げる機会

　図3-5で示した通り、レビューは直接業務を担当しない「ライン外」からの見方を示しています。また、レビューは設計・開発の計画に従って行うことが要求されていますが、プロセスの途上で必要と判断した時（これも計画になる）に行うことも重要です。従って、部門管理者としての上司との数分の打合せも、レビューに該当しているかもしれません。また、担当者以外の社内の第三者（レビューア）がどのような観点でレビューするのかについては、通常は独自のチェック項目や過去の事例等を考慮して内容のレベルを向上できれば十分です。

　通常、計画時にどの時点で誰がレビューすべきか、何を確認するのかは決まっているはずです。ISO9001：2015では"要求事項を満たす能力を評価する"ために行うことが要求されましたが、担当者に対する上司からの指示事項に含まれているかもしれません。そして、関連する部門の責任者が入って行われるレビューでは、「要求事項を満たせるか」は当然として、「会社としてこれでよいのか、十分か、もっと良い方向性がないか」という観点でも見直しが入るので、

言い替えれば、計画内容の価値を上げる活動とも言えるのがレビューです。関連する規格箇条は"7.1.6組織の知識"です。

実際には、上司や顧客から期日や内容等の変更指示が往々にしてあるので、当初の予定もまた、絶えず更新する必要があるでしょう。その都度、提出前にチェックをどうするのかを、打合せのたびに決められているのではないでしょうか。

8.3.4　設計・開発の管理 —— 妥当性確認は会社としての承認

何事も結果を見なければ、それまでの良し悪しがわからないことが多い中で、結果は、計画プロセスのいろいろなステップで出てきています。それを当初の予定（計画した方法）通りになっているか、という観点で見ることが重要であり、「文書発行（リリース）前の承認」にも該当します。もちろん、"結果として得られる製品及びサービスが、指定された用途または意図された用途に応じた要求事項を満たしているか"という要求を満たさなければならないことは当然なので、最終見直しによって何らかのアクションが出てくることもあるでしょう。それが「必要な処置があればその記録」に該当するのです。最終的に「妥当である」として承認されていれば、"妥当性確認の結果の記録"はその最終版（アウトプット）そのものです。

また、妥当性確認はどの段階でも行うことが要求されています。ただし、人の世の常で、妥当性確認が終わっているからといって、必ずしもそれが適切とは言えないこともあります。以下に例を挙げます。

例
① 仮設機材の設置位置や使い勝手という平面計画の良し悪しが、場合によっては工事に着工してから問題になる。
② 予定していた工法（やり方）では発注者の意図を満たせないことが判明する場合もある。

従って、どこまで妥当性が確認できればよいのかとなると、ある意味では際限がありません。完全を目指しても、完全はあり得ませんから、"10.2 不適合及び是正処置"があるのです。

計画段階で確認できる内容には、自ずと限定された範囲（計画図や工程表、

予算書等)でしか確認ができませんが、その妥当性を確認する(計画された通りのアウトプットであるか)ことは、計画の最終検査に該当するので、いずれにしても重要なチェックポイントです。

　ISOの要求事項を満たして仕事を行うことの目的といえば、継続的な改善からより効率的な仕事の手法を確立することですから、目的もなく規格に従ったという記録を残しても意味がありません。

　規格は継続的改善を求めているので、それまでの計画プロセスが良かったのかどうかを、どこかで省みることを要求していると考えれば、妥当性の確認から、次のアクション(改善策)が出てこないと、規格が期待する改善によるスパイラルアップにつながりません。段階ごとであれ、最終であれ、承認者の責任は重いのです。

8.3.5　設計開発のアウトプット

　アウトプットの要求事項の内容は、ほぼ同じです。"文書化した情報の保持"の要求が目新しいのですが、もともとアウトプットを作り出すプロセスですから、その成果物が該当します。a)、b) 項は、当たり前の要求で問題はないのですが、c)、d) 項は製造業を意図した要求箇条となっています。

　これまで説明してきた設計・開発の適用の考え方は、設計は当然として見積提案、工程表、施工計画書とか工事原価書などに拡大していますから、これらは要求を満たしにくいアウトプットです。

　しかしながら、ここで筆者が強調したいのは、適用範囲と認証範囲の関係です。設計を登録証の製品及びサービスに認証範囲として明記している場合は、この規格の適用が必須ですから、当然すべての要求事項を満たす必要があります。

　一方、登録証には書いていない活動の成果物に応用して使用する場合は、その義務がありません。従って、適用しない箇条があっても何の問題もないのです。"4.3品質マネジメントシステムの適用範囲"に要求されるように、マニュアルなどに適用できない箇条などを記載すればベストの解決策かもしれませんが、そこまでの必要はないでしょう。

　審査で、仕事の通りに説明し、その記録や手順を示すことで、規格への適合

が実感できるとお考えください。

8.3.6 設計・開発の変更

　変更は、ほとんどのすべてのケースで発生していると思います。特に計画の進行途中の変更や施工段階における当初計画の変更は、案件の複雑度にもよりますが、十分注意をしないと失敗につながりやすくなります。

　変更事項がそれまでのアウトプットにどのような関連性や影響があるかを十分にチェックできていなかったために、関連する別の工事に問題が発生することがよくあります。特に建築では意匠、構造、設備、電気等の整合を取ることが重要です。

　ISO9001：2015では"…変更を識別し、レビューし、管理しなければならない"となりましたが、その変更が、製品を構成する要素及びすでに引き渡されている部分に及ぼす影響の評価等は、重要なポイントです。

　当然、レビューでは変更によって発生するかも知れない"悪影響の防止処置"や、変更の実施前には責任ある方の"許可"が重要です。

■設計・開発を「設計業務」に限定しない活用を探る

　これまで繰り返し説明したように、この規格要求を適用して多面のチェックができることは、有効な成果品には必要不可欠なプロセスです。積極的に規格を道具として認識することにより、様々な計画作成において、チェックやレビュー、承認の仕方に応用ができないはずはないと考えます。というのも、実際の検討記録を確認すると、通常そこには、規格に適合した活動があるからです。製品及びサービスそのものにこだわらなければ、該当すると思われるプロセスには会社の経営計画、人の採用・配置及び組織の再編計画、機械や道具等の新規購買や運用計画、協力会社等の新規採用計画、営業プロセス、**施工計画等の立案**があります。こうした計画策定におけるチェックのしかたに、この規格要求が活用できるかもしれません。

　また、日常的な文書類や計画等のチェックのルール化にも応用できます。重要な書類の作成等では、意識しなくても確実に仕事ができる方はこの手法がす

> 👉ワンポイント　施工計画等の立案：必ず適用しなければならないということではありませんが、チェックの考え方が有効な方法の一つとして推薦できます

でに定着しているかもしれません。
　具体的には、施工提案書のような「Q、C、D、S、E」をどのように展開して円滑な施工を提供できるか、という真剣な計画の立案等です。この場合、何度も検討を重ね、会社の責任者や過去の経験、協力会社の意見等をとり入れながら机上のシミュレーションによって具体的な計画が確定されます。そこには、この規格の求める以上の内容検討や段階ごとのチェックの記録が存在しています。
　以下に設計業務以外の具体的な該当例について説明します。

> **例**
> **①積算プロセス**
> 1）インプット情報（顧客要求、入札公告、図面、仕様書、現地調査等）に基づいて担当者を決め、外注予定積算事務所及び参考見積協力会社の選定（8.4外部から提供されるプロセス、製品及びサービスの管理）をし、提出日までの積算計画、事前検討日等を決めて部門長や営業担当者との打合せを行い、議事録に記載していた（設計・開発の計画、製品実現の計画）
> 2）担当者は積算事務所から受領した内訳書の内容を設計図や仕様書類と対比してチェック（検証）し、見積協力会社へ見積もり作成依頼（8.4.3外部提供者への情報）をした
> 3）インプット情報の整理・レビューの後、積算事務所及び参考見積協力会社から得た質疑事項を取りまとめ、上司の承認を得て顧客へ質疑書（8.5.4顧客所有物の管理）を期日（積算開始時の品質目標）までに提出した
> 4）担当者は積算数量（アウトプット1）をそれまでのインプットと対比したチェック（検証）を行い、業者見積書の内容の比較検討（インプットのレビュー、製品に関する要求事項の明確化）から、単価、CD/VE、見積条件等を検討（レビュー及び検証）し、原価表（アウトプット2）を作成した
> 5）積算原価（アウトプット2）の内容を検討（レビュー及び妥当性の確認）し、それまでのインプットとの対比（検証）により、見積落としの無いことを確認した
> 6）原価表及び見積条件等の提出書類を作成し、顧客提示価格の最終決定のために経営者に説明し、承認を求めた（マネジメントレビューと製品に関する要求事項のレビュー及び設計・開発の妥当性の確認）
> 　実際にはもっと細かな点検や検討がされていると思いますが、おおむね上記のようなプロセスで、見積書が作成されているのではないでしょうか。

②営業段階
1）営業部はＸ月Ｙ日に入札がある「○○工事」の技術提案を含む入札プロセスにおいて、取組み会議で入札日迄の関係者の協力体制を確立した（8.3.2設計・開発の計画に該当）
2）入札公告関連文書や現場調査事項（設計・開発のインプット）等をレビューして、「提案書」や「積算見積書」（設計・開発のアウトプット）を作成するまでに数回の検討会（設計・開発のレビュー）を、本社の支援を受けながら開催
3）段階ごとの打合せ前には「入札におけるチェックシート」を作成して該当箇所や書類の内容を確認し、それまでのインプット事項が適切に反映されたことのチェック記録を残した（設計・開発の検証）
4）さらに入札前日には、経営者による最終会議（レビュー）によって入札金額が決定される
5）承認（設計・開発の妥当性確認）後、入札が行われた

③提案書の作成
1）簡易提案事項に「コンクリートの品質」（アウトプット）があったので、営業担当から工事部へ作成の依頼（計画）があった
2）工事部では担当を決め（計画）、過去の資料（インプット）を渡して参考にするよう指示した（計画）
3）担当者は、設計図（インプット）を見て過去の事例から類似の内容を参考にして提案書を作成し、上司に見せた（レビュー）ところ、赤ペンで文字の修正や追加の記述を指示（レビューの結果の記録）された
4）担当者は、指示された事項を修正（変更の管理）して、再度上司に提出した
5）上司は、その内容を確認（検証）して、承認（妥当性確認後リリース）した
　この例は、ごく簡単なプロセスにもかかわらずその過程で数々の記録があります。こうした証拠としての記録があることは、実は見事な規格に対する適合なのです。また、これらのプロセスには環境の要素も入ります。環境側面、関連する法的及びその他の要求事項を考慮することが多々あります。最近は、多くの会社で施工前検討会等が行われていますが、規格要求を意識したレビューによって、成果物の内容レベルが向上し、同時に担当者の力量向上につながると思います。

④工事開始段階における設計・開発のレビュー
　工事開始前には「全体施工計画」、「総合仮設計画」、「総合工程表」、「実行予算」、「協力会社発注計画」、「工事事務所内組織体系計画」、「施工図、物決め計画」等、様々な計画が作成されると思います。こうした計画類は、どのようにして作成・承認されるでしょうか。実はすべてが「設計・開発のプロセス」

に該当しています。
　特に経験ある技術者の知識や会社のノウハウを、いかに計画に展開できるかが重要で、工事の成否に与える影響は非常に大きいことは言うまでもありません。従って、計画文書作成の途中段階や、提出前における上位職者や他の経験者等からの指導や支援の形で慎重にレビューされているはずなのです。

⑤工事施工段階
1）「法面(のりめん)防災対策他工事」において、崩壊した法面の補修の工事で高さ9mの法面盛土の施工仕様が設計図書では不明確でした（インプット）
2）盛土の適切な転圧条件やセメント改良土の添加量等（アウトプット）を決定するために、事前にモデル施工計画書（アウトプット）を作成して発注者の承諾を得る必要がありました
3）計画書作成（設計・開発の計画）において、会社の過去の事例（インプット）や協力会社の意見を参考に施工条件を考慮した案を作成し、後からでは検証できない施工法の確立手段として、盛土の転圧方法の検討計画の作成から巻き立て厚の設定、転圧回数、セメント改良添加量の配合の決定プロセス等を検討（検証とレビュー）しました
4）その条件通りの施工が適切であることを施工開始時点で行った各種試験結果（密度試験、一軸圧縮強度試験）により実証した記録を添えて報告していました（8.5.1f）の製造及びサービス提供のプロセスの妥当性確認）
　この例では、設計・開発に該当するプロセスは施工計画書の作成ですが、計画した内容が適切であることを事前に実証したアウトプットに基づいて、計画書が確定し、本施工を行っていますので、"設計・開発のプロセスがプロセスの妥当性確認"にも該当しています。建設工事では通常、この程度のことは意識しないでやっているのです。規格の要求である記録は、先に説明した"レビュー、検証、妥当性確認"の異なる目的さえ理解できれば、仕事上に必要な文書、計画書、検討段階の記録等、別に作らなくても山ほどあるのです。

　こうした記録類はある時期までは重要ですから、必ず残しているはずです。それ以上のことを規格は求めていないのです。
　問題は第三者の審査員によって「レビュー、検証、妥当性確認などの記録が識別されていない」というような指摘を受ける場合、その指摘によって会社が受ける「メリット、デメリット」を考えることです。それによって効率向上などが期待できると思えば、今後の記録の残し方に工夫すればよく、納得ができなければ、反論するなり、否定または拒否することが有効な審査の受け方にな

ります。詳しくは第6章で説明します。

第4章

建設分野の環境マネジメントシステムの活用

　環境MS（マネジメントシステム）が建設業界に広く浸透した理由は、品質MSと同様、工事入札資格の加点獲得が目的であったことです。他社よりも早くといった競争意識から、認証取得を急いだことで、品質と同じように本質的な規格の意図する活動や、規格の有効な活用についての理解は、残念ながらほとんど顧みられなかったと思われます。

　そのような背景から、早く認証が取得できる管理手法が確立し、「紙・ごみ・電気」に限定した活動が広く定着しました。加えて、審査員を「先生」と呼ぶことに象徴される、建設業界独特の発注者重視の文化が、形骸化を助長する一因と考えます。

　MS導入によって一時的には電力や事務経費等の削減効果が見られたかもしれませんが、現実には多くの社員による時間と紙の無駄使いが発生して、規格の意図が満たせているとは言えない状況が見られました。

　本章では、建設業の環境MSにおける管理のポイントである営業・施工管理活動への適用の方向性を説明します。一部品質MSと重複するところがありますが、両規格の見方の違いを感じ取っていただけると思います。

　もし、これまでの活動が会社の活性化に有効に機能していないと思われるのであれば、そこから脱却するためにどのように考えたらよいのか取り組まれることをおすすめします。

　環境活動の目的には本来、以下の二つが有効であると考えます。
①会社のイメージアップ・社内外からの評価を得ること

②社員のレベルアップ・効率的な業務の推進

4-1 ISO14001：2015の変更点

> 6.1 リスク及び機会への取組み

　人は目的の達成のために活動します。しかし、その"成果"は何もしなければ得られません。そのための取組みが必要なのです。

　当初ISO14001：2015改訂検討段階では、"リスク及び機会"ではなく"脅威及び機会に関連するリスク"という表現が使用されていましたが、最終的には品質等ほかの規格に合わせて"リスク及び機会"となりました。これで混乱はないようですが、規格の用語及び定義には、"潜在的で有害な影響（脅威）及び潜在的で有益な影響（機会）"と表現されており、品質規格の表現とは、少しニュアンスが異なっています。

　気になるのは"環境影響"の意味ですが、"有害か有益かを問わず、全体的にまたは部分的に組織（3.1.4）の環境側面（3.2.2）から生じる、環境（3.2.1）に対する変化"となっているので、リスク及び機会と同じではないかという印象を受けます。

　「附属書A（参考）この規格の利用の手引き」には、"…リスク及び機会は、環境側面、順守義務、その他の課題、または利害 関係者のその他のニーズ及び期待に関連し得る"とあり、また、"環境側面に関連するリスク及び機会は、著し

図4-1　リスク及び機会と環境側面

さの評価の一部として 決定することも、または個別に決定することもできる"
とあるので、ほとんど一体化されていると考えてもよさそうです（図4-1）。建
設業では、やはり「事故」が大きなリスク（著しい環境側面）です。以下にそ
の例を紹介します。

> **例**
> - 建設機械類の転倒事故（クレーン、杭打機、掘削重機類、仮設足場類）
> - 地山の崩壊（山留、異常出水、崩落、落盤、ボイリング・パイピング等）
> - 法律違反（認定外材料の使用、手続きの不備、許認可の遅れ、無資格、設計仕様との相違）
> - 第三者傷害関連事故（仮囲いの倒壊、陥没、解体建物の倒壊、資材の落下、物損事故、架空線切断、地下埋設管破損）
> - 施工ミス（設計図書の読み違い、確認不足、勘違いによる指示、材料の取違い、計測間違い、知識不足、施工図面ミス）
> - 火災（失火、もらい火、ガス爆発、漏電、自然発火）　　　　　　　等

　これらの事象が発生すると、その後の処置や対応で大変な状況に陥ります。
さらには、行政から指名停止や営業停止等の処分もありえます。建設業はこれ
らの発生"リスク"が非常に高い業種なのです。
　こうしたリスクが小さくなるような活動が、まさに環境側面から始まるEMS
です。具体的な取組みとして、日々の安全を積み重ねることが、結果としての
「成果」につながり、規格への適合のみならず会社の利益になります。従って、
通常、意識しなくても、規格の要求に適合しています。これまでと考え方を変
えるだけでよいのです。

6.1.2　環境側面

　2015年版では、環境側面の特定のための「手順を確立し、実施し、維持する」
という記述は無くなりましたが、ライフサイクルの視点で、環境側面と環境影
響を決めることが明記されました。
　環境側面を決めるタイミングは、規格には"a）変更。これには計画したまた
は新規の開発、ならびに新規のまたは変更された活動、製品及びサービスを含
む"ということが明記されています。従って、事業活動の計画やプロセスの変

化点で"環境側面及び伴う環境影響の決定"をすることが要求されています。また、"b）非通常の状態および合理的に予見できる緊急事態"を"設定した基準"に基づいて決める必要があります。

従って、環境側面を決めなければならないタイミングを挙げると、

> **例**
> ①年度計画の作成時、②事業計画の変更、組織の変更、③工事受注活動及び工事開始時の計画、④計画の変更時、⑤作業の変わり目、⑥日々の作業の開始時、⑦異常な状態や予見できる緊急事態

等が考えられます。

その他、文書化した情報（手順）には"環境側面及びそれに伴う環境影響、著しい環境側面を決めるための基準、著しい環境側面"の要求があります。

従来の影響評価表で点数をつける方法をそのまま踏襲しても、改善はできません。実はどの会社でも現場でやっている日々の打ち合わせ、日報、KY活動シート等の工夫によって、作業で発生する環境影響のうち、特に重要なプロセスの"著しい環境側面"を"環境目標"として監視し、その活動"運用管理"の結果、無事に作業が終了したことの記録"順守の評価の結果の記録"まで満たせる方法があります。

当然、「安全」と「環境」には類似点があるので、作業によっては安全の内容だけでも、環境の規格要求を満たせることもあるはずです。

> **例**
> 作業の危険源に点数や評価ランクをつけるKY様式の場合は、そこに"著しい環境側面を決定するために用いた基準"が該当するのですが、ない場合は"その日の作業で最も影響が大きく注意すべき環境影響（側面）を取り上げる"とでも欄外に書いておけば、それも"基準"（criteria）になります（図4-2）。

この時、"異常な状態及び予知できる緊急事態"について注意し、準備することができれば、さらに十分でしょう。

特に、事故や間違っては困るものに焦点を当てると、品質・環境ともに有効なMSになります。

工事の見積り、入札段階において"環境側面"をしっかりと考慮する（計画の

株式会社〇〇								制定 2011.10.1	
〇 月 〇 日	危険予知活動表・品質環境活動表					実施会社	某協力会社		
本日の作業内容	基礎地中梁掘削		A 重大性	B 可能性	(A+B) リスクレベル	活動参加者		健康状態	
どこに どんな危険が潜んでいるか 「…する時…なる」 「…したら…なる」	1.	重機が回転すると接触する	2	3	5	リーダー A		良・悪	
	2.	移動時鉄板が落ちると、下敷きになる	2	2	4	B C		良・悪 良・悪	
	3.	誘導しないとダンプがぶつかる	1	2	3	D E		良・悪 良・悪	
私達が行なう安全対策 「…を…して…する」	1.	重機回転半径のバリケード設置	1	1	2			良・悪	
	2.	確実なワイヤー掛けと範囲内立ち入り禁止	1	1	2	作業前のチェック！			
						作業場所・作業内容の指示		OK・NG	
	3.	ダンプの誘導をする	1	1	2	作業手順・安全の指示		OK・NG	
						作業急所・危険箇所の指示		OK・NG	
危険低減対策 (リスクレベル3以上は記入)	見張り誘導を交代で行う					有資格者の確認		OK・NG	
						保護具・服装の確認		OK・NG	
本日の行動目標 「…を…して…しよう」	バリケードの設置 良し！！ 合図確認 良し！！					緊急事態想定の確認		OK・NG	
						作業終了後のチェック！			
品質目標 (管理に注意すべき品質)	床付け堀過ぎに注意する。レベル確認					持ち場の後片付け状況		OK・NG	
						休憩所の後片付け状況		OK・NG	
環境目標 (もっとも注意すべき環境影響)	鉄板にバケットをぶつけない	緊急事態想定対応	重機の転倒			品質目標は達成されたか		OK・NG	
						環境目標は達成されたか		OK・NG	
						本日の労働災害状況報告			
						有りませんでした ・ 有りました			

図4-2 KY活動シートの例

項目や注意点として文書化される）ことにより、的確な準備対応が可能になり、その後の受注活動や受注後の計画に大きく役立つと思います。

6.1.3 順守義務

2015年版では、"法的要求事項及び組織が同意するその他の要求事項"の表現が"順守義務"と変わりましたが、意図は変わっていません。要求に"a) …順守義務を決定し、参照する"、"b) …4組織にどのように適用するかを決定する"となっており、旧規格の"特定する"が"決定する"に変わりました。言葉は違いますが、意図は同じということが規格巻末の解説にあります。

この要求への具体的な対応ですが、法律名等のリスト作成は要求されてはいません。具体的な法手続、報告、届出、許可取得、利害関係者への必要な対応が、明確にされ適切に行われていることが要求されているだけです。会社に何か変化点（支店・営業所等の改廃、償却資産の取得・廃棄、土地建物の取引、空調機・家電品・車両等の入れ替え処分）がある時、必要な手続きを調べるとか、専門業者を適切に選定し依頼すればよいのです。

会社には様々な情報が入ってきます。当然、行政からの通知や連絡、加入団体や協力会社からの情報をもとにどのように対応すべきか、法律の施行前から分かっているはずです。それに適切に対応ができていれば、規格には適合します。
　また、顧客や協力会社等からの要求にも、必要な対応をしなければなりません。その状態が、"c）…これらの順守義務を考慮に入れる"ことになっているはずです。この"考慮に入れる"意味は、"考える必要があり、かつ除外できない（検討した事項が何らかの形で結果に反映されていなければならない）"という意味なので、（頭の中で）決定するよりも強い要求のような気がします。
　いずれにしても、法治国家である日本では調査の結果や外部から入って来る情報に対して、どのような対応をすべきか、すでに決めてあるはずなので、これらの規格要求はまさに自然体で適合していると言えます。

6.1.4　取組みの計画策定

　取組むべき計画の対象として、①著しい環境側面、②順守義務、③リスク及び機会、が新たな要求となりました。
　そして、取組みの方法として、
1）その取組みの環境マネジメントシステムプロセス（6.2、箇条7、箇条8及び9.1参照）又は他の事業プロセスへの統合及び実施。
2）その取組みの有効性の評価（9.1参照）これらの取組みを計画するとき、組織は、技術上の選択肢、並びに財務上、運用上及び事業上の要求事項を考慮しなければならない。"
　とあります。これを文字通り受け取ってしまうと、なかなか大変なことになると思われるかもしれませんが、規格の解説5.6には「これらの課題に対する取組みについて、戦略的レベルで決定することを求めている。あるものは"環境目標"に設定して改善活動を進めたり，あるものは"運用管理"において管理したりするといったような，振り分けの決定を求めている」とありますので、企業活動の様々なしくみの中で対応が可能ということが読み取れます。"附属書A6.1.4で、安全衛生など他のマネジメントシステムに組込んでよい"と示されていますので、既に確立された活動に組込むことが可能です。つまり、現場では日々の「KY活動」や「工程打合せ」などで環境を意識すればよいのです。

6.2 環境目標及びそれを達成するための計画策定

　これまでは目的（objective）、目標（target）の訳で使い分けられていましたが、品質規格等と合わせて環境目標（environmental objective）と要求事項では統一されました。従って、目標を品質、環境それぞれ分けて作られていた帳票等も一緒にすることが容易になりました。環境規格ではすでに、目標達成の計画に5W1Hが要求されているので、こうした点でも便利になります。ただし、序文等では「一般的な目的」を表現するために「目的」が使われています。

　環境目標には、その達成度の評価ができるよう"測定可能"という要求がありますが、必ずしも"定量的でなくてもよく、その達成の評価ができるのは組織である"ということが「規格書の附属書A6.2」に記述されています。

　一方、"6.2.2 環境目標を達成するための取組みの計画策定"では、達成度を測る"評価の基準及び指標"（9.1.1c)）を求めています。定性的な環境目標であっても活動の結果、集計された「紙、ごみ、電気」はパフォーマンス指標として使えます。以下、目標の例を紹介します。

> **例**
> 環境マネジメントシステムの成果として、「会社のイメージアップを図りたい」という経営者の目的があったとします。この達成のための具体的な目標には、
> ・環境に配慮した工事の施工
> ・資材の無駄を削減

等、様々な具体的な環境目標が考えられますが、さらにその達成のための実施事項があるはずです。そうすると、それぞれの事項の達成状況は現場における管理指標として存在することから、全体としての達成は評価できます。そして、その結果は審査員に見せるためではなく、会社の目的である「イメージアップができたか」を満たせたかなのです。**図4-3**に目標の例を示します。これは一例に過ぎませんが、おおよそのイメージはつくのではないでしょうか。なお、関連する矢印の線は一つの実施事項が複数の目標に関連することを示していますが代表例です。

　よく見かける産業廃棄物の処分量を削減する目標があります。ところが、「昨年度の○％削減」とか「原単位処分量○Kg/㎡」というような、当てずっぽう

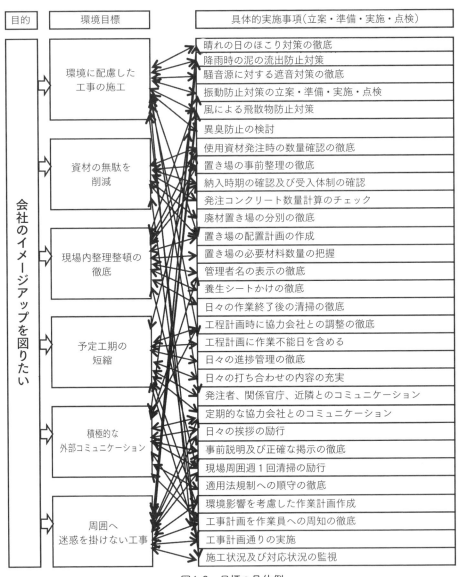

図4-3 目標の具体例

の目標では、残念ながらマネジメントシステム（MS）とは言えません。「分別の徹底を図っていますので…」と言われても、結果として目標が達成できるかは終了間際でなければ分からないのでPDCAが回せません。

よく例にして説明するのは、出来高計画です。工程表から月々の出来高を算出して描く出来高曲線があります。これを見れば、工事の進捗が一目で分かるので、早いうちに手を打てるのですが、本気で廃棄物を減らそうと考えるのであれば、同じ手法が有効です。

MSで管理するのであれば、出来高のような管理手法を考慮した目標管理にすべきと考えます。つまり、廃棄物発生源の協力会社が、どのくらいロスを見込んでいるかを把握しなければ管理ができないはずです。この活動は、協力会社の原価を知り、無駄を削減するための指標として役に立つはずです。

4-2 会社業務における環境活動

4-2-1 営業入札業務

これまで営業や事務系が実施してきた環境活動と言えば、紙、電気の削減がほとんどです。そのほかにも、実務における環境活動があることは意外と気づかれていません。

営業における大きなリスクは「失注の可能性」です。従って、失注しないために様々な努力をしているはずです。それはある見方をすれば、品質の活動に重なる環境活動になります。

> **例**
>
> 営業担当者が入札予定の場所を確認する時、何を重点的に見ているでしょうか。その立地場所の環境的な要素をいかに把握するかは、その後の見積や工事にとって重要な要素です。つまり、会社の個別プロジェクトに対するEMSのスタートがここから始まるのです。現場へ行かなくても、入札公告やネット情報でおおよその見当がつきます。それを後工程(積算)に反映させなければなりません。
>
> この段階ですでに、"環境側面、環境影響、法的要求事項、その他の要求事項"が明確になって、対応すべき事項が決定されているのではないでしょうか。

このような決定事項は、発注者に対する「質疑」や「社内検討会」等の課題としてその対応(取組み)が決まっていきます。当然、見積原価に反映され、場合によっては、条件または提案という形で次の段階への橋渡しになります。

また、提案書の書き方に環境MSの考え方を取り入れると、評価点が高くな

ります。なぜこの事項を選んだのか、環境側面から著しい環境側面を決定して、その管理すべき事項の運用計画から監視・パフォーマンス評価へつなげることが見えるような書き方にすることがポイントです。このような活動が適切に行えるような「環境側面のリスト」や、法的手続きに必要な「手続きチェックリスト」等があれば、忘れ防止や検討漏れ防止に有効なツールになります。

以下の例は、その場所の状況から発注者へのクレームが懸念されるために、課題として要求した「工事に際して周囲への騒音対策」について、提案を求められたケースの考え方です。

> **例**
> 様々な工事から発生する騒音の中で、どのような騒音が周囲の苦情になりやすいかを検討します。土工事、杭打ち工事、鉄筋、型枠、コンクリート打設…と管理すべき騒音を決定して、それぞれの対策を提案する方が、単に「低騒音型重機の使用」といった提案よりも受けがよいはずです。もちろんコンクリート打設等の連続騒音に対する仮設の遮音板とか、周辺住民への積極的な事前説明等、様々な対策が打てるようになります。

こうした提案書の中には、規格が求める「環境影響を考慮した環境側面から、管理すべき著しい環境側面が決定され、その運用計画」までが満たされます。当然、提案事項は施工段階での確実な実施が求められますから、必要な管理の記録も日々の活動の中で残されて行くはずです。最終的にそのような記録から報告書でも作成して発注者へ提出すれば、工事施工評価点は高得点が得られると思います。

営業や事務系の仕事に「紙と電気の削減」を直接の目標にするのは、別次元の活動に他なりません。本業の管理レベルを上げ、結果として無駄を削減することの方が有効な活動になります。仕事上の間違い防止や伝達ミスを防ぐなど環境目標の設定のしかたや考え方を変えることが必要と考えます。

4-2-2　設計業務の環境活動

設計業務においてよく見かける環境目標が「環境負荷の低減を提案する」、「省エネ提案件数」等です。これらでも活動のメリットがそれなりにありますが、もっと重要な共通の活動ポイントがあります。

それは、「設計ミスや設計上の手続きの遅れの防止」です。というのは、こうした事態に伴って発生する環境影響の方がはるかに大きいからです。当然、本来業務の中で留意している活動のはずです。会社の目的を満たすための活動の一端に環境MSがあるので、「直接」該当する活動そのもので一切問題はないわけです。

そこで、単純に「設計ミスを防止する」と環境目標を上げるだけでは、MSにはなりません。どのような「業務、部分、ケース」で発生するミスが大きな影響を与え、その環境側面を考えることです。そうすると、具体的な管理のポイントが見えてくるはずです。それらの細目が"リスク及び機会"であり、それを管理すべき取組みが"環境目標"になります。設計業務の進捗に伴って、新たな目標が出てくるはずです。従って、従来の目標管理の帳票様式を変えなければ対応がしにくくなるので、打合せ等の書類や設計計画、工程表等に展開できるよう、もっと自由に工夫し、ミス防止の取組みの結果として「成果」につなげて頂きたいのです。

その他、設計段階において可能性がある大きな環境影響低減活動は、非常に広範です。設計者が書いた一本の線が現場に与える影響を無視できない時があります。環境を無理にこじつける必要はありませんが、検討の段階ごとに、該当する以下のキーワードについて可能であれば設計に反映されるとよいでしょう。以下に一例を示します。

> **例**
>
> ①工法の選定における検討事項
> 　　工期（作業時間）、使用エネルギー量、使用材料の総量、周辺への配慮（騒音・振動・粉塵・異臭・排水）、生態系の保護・汚染防止（海、河川、地下水、大気、植生）
> ②材料の選定時の検討事項
> 　　有機溶剤・温暖化ガス抑制、省資源型材料、リサイクル材・リサイクル性、カーボンフットプリント商品、古材、運搬負荷、天然材・人工材
> ③設計条件の検討事項（ライフサイクルコスト及び省エネルギー共）
> 　　位置・高さ・ルートなどの設定、周辺への配慮（風、光、色彩、眺望、日影、使用者・管理者への配慮、人・車両の動線）、生態系の保護・汚染の防止、排出土量、緑地面積・屋上・外壁緑化、**CASBEE**評価

等が考えられます。

　設計段階の様々な決定のプロセスで環境影響を考えることが、設計における本来の環境活動ですが、設計では上記の項目などは当たり前のように考慮されているはずです。設計の対象物や設計条件などにもよりますが、設計プロセスにおける環境配慮が、その後のトータル使用エネルギーなどに大きな違いが出ることは、ご承知の通りです。

　顧客や発注者との十分なコミュニケーションにより、適切な対応をされているわけですから、外部コミュニケーションとして、こうした実績や配慮事項をアピールすることも重要です。

4-2-3　施工業務の環境活動

　工程表下段に月次の安全目標を記入していることはよく目にしますが、なぜか、環境や品質の目標を同じように取り上げる例は非常にまれです。

　特に現場では、顧客要求で施工計画書を提出する場合、必ず「環境管理」や「環境対策」を求められているはずなので、そこに規格の要求を考慮した環境側面の抽出から管理すべき著しい側面や発注者要求項目、法的な順守に対する管理計画を記入すればよいのです。実はそれが立派なEMSへの適合になります。

　また、工事の進展に従って、管理すべき対象や現象が変化するので、それぞれの段階で適切な目標、または管理すべき著しい環境側面を取り上げることが本来のEMS活動だと言えます。

　現場は直接環境影響が発生する場所です。当然、様々な対策や処置が行われますので、ほとんどのケースで問題の発生は少ないと思います。ところが、環境目標は、「廃棄物の削減」とか「騒音振動の防止」等が共通で、工事の期間中変更されないケースが多々見られます。現場は動いていますから、その日の作業から、発生音源や振動源は移動しますし、天候によっては別の管理項目を無視できません。従って、安全では毎朝朝礼を行い、その日の作業で最も危険度の高い作業に対して注意する活動が定着しました。環境や品質も同じです。

　それらの注意事項を朝礼で認識させ、KY活動シート（図4-2参照）に一緒に

> **用語解説**　CASBEE：Comprehensive Assessment System for Built Environment Efficiency（日本語：建築環境総合性能評価システム）

取り込むことで、その日の著しい環境側面に対する環境目標が設定され、その日の内に、目標が達成されたことをチェックできるしくみとなります。現場はこの管理のレベルを維持するとともにその質を向上すれば、無事に竣工を迎えられることになるのです。もちろん前日の打合せで、翌日の目標がしっかりできていることが前提であることは言うまでもありません。

この他、現場での対外的なイメージアップ・アピール活動等は、近隣住民との良好な関係を築き上げられる手段としてお勧めします。

この効果をさらに向上させる方法の一例を以下に示します。

- 近隣挨拶等で回る時や現場の仮囲い等で清掃活動の実施をお知らせする
- 数日前に予告看板を出す
- 当日は清掃中であることの看板を出し、腕章や、たすき、チョッキに清掃中であることを表示する
- 予定範囲より少し清掃の範囲を広げて行う

ポイントは、近隣住民にはできるだけ早くお知らせをしておくことです。これだけで、会社の印象が大きく変わります。現場ではちょっとした迷惑事象は頻繁に発生しますから、こうした活動がクレームの防止対策になります。現場の前に花を飾るよりも、効果的です。

4-2-4　緊急事態への準備及び対応

基本的な要求は変わりませんが、緊急事態も"リスク及び機会"の一つであるという扱いになったことが規格の解説にあります。

建設業ではすでにこの要求を満たした活動がされていますので、改めて難しく考える必要はありません。この要求をうまく使えるようになっていると、「災い転じて福となす」ことが可能になります。しくみを使って、会社の不具合にうまく対応することが求められています。

火災・地震等の天災に限定して取り上げてもよいのですが、火事や地震は実際にはめったに起きないので、手順を作っても絵に描いた餅でしかなく、使えないしくみのままとなってしまいます。実は日常的に発生する様々な事態の中にも緊急事態に該当しているものがあります。

例えば、現場でミスや不具合が発見された時の対応処置が該当します。それ

は、ミスの発見に伴って発生する修正活動により、環境影響が発生するからです。本来なら使わなくてもよいエネルギーや材料等の資源を無駄使いすることはお分かりいただけるでしょう。

ただし、どんな間違いが発生するのか、なかなか予想できないために、システムに載りにくいと考えます。

実際に、現場では以下のような事態が発生します。

> **例**
> 掘削土の汚染の判明、不確実な支持層の発見、掘削に伴う周辺地盤の変状、鉄筋の間違いが判明した時の手直し、コンクリート打設中の型枠の破損による流出、近隣の建物や車両の汚損、溶接火花やガス切断火花によるガラスや仕上げの焼損、足場の倒壊による周辺交通への影響、地下埋設管の損傷や架空線の切断による水・汚水・ガス・電力・通信の途絶、工事用資材の飛散による周辺の汚損や既存建物への損傷、濁水の排出、材料搬入中の交通事故による物的・時間的な影響、その他図面ミスの発見、指示ミス、施工図の間違い等、取り上げればきりがないかもしれません。

これらはまさに緊急時の"リスク及び機会"として取組むべき事項なのです

こうした事態に適切に対応できることが、何よりも建設におけるEMS活動の一つの柱であってよいと思います。その秘訣は、何もすべての事象を初めから設定しなければならないとは考えないことです。

工事の場合、必ず前もって詳細な計画や打合せがあるはずで、その時に発生すると困る事象を特定して必要な手順を確立し、準備することが、実際には無理のない運用になります（なお準備の内容が十分か否かを確認するためにテストを机上などで行うことが望まれます）。

そして、不幸にも問題が発生した場合に、いかにその影響を最小にできるか、速やかな対応や処置ができるかが問われます。そのために、必要な準備がされていることが、その後の評価につながります。

後処理のしかたによっては、そこで見直されて「災い転じて福となせる」のか、「信用を失う」のか、大きく異なることは言うまでもありません。

対外的な対応を考え、どこまで報告するのかを明確にしておくことが、その後の影響を小さくすると思います。最近の情報化ツールの進歩はあまりにも目

まぐるしく、いつどこから内部告発や証拠写真が示されないとも限りません。小さな事象でも正々堂々と対応して、会社として適切な判断のもとに処置したことをいつでも公開できるようにしておくこと（外部コミュニケーション）が、会社の健全なマネジメントシステムの運用と言えます。

そのためには特に、関係する行政や電力、ガス、上下水道等インフラの管理窓口を特定しておくことは重要です。また、それらの営業時間や実際に処置を担当する管理会社等を明確にしておかなければなりません。

緊急連絡体制等、企業による標準的な対応策をよく見かけますが、本当にそれが機能しているかどうかを、挨拶を兼ねて事前に連絡し、確認しておく必要があるかもしれません。そうした確認はテストの一部に該当します。

■**緊急事態のテスト**

多くのテスト事例で、消火訓練、火災時の避難訓練、BCP事業継続計画活動における安否確認、自治体等との災害時協定の訓練等があるようです。こうした事例では確実なテストができますので、その後の改善等につながって、いざという場合の備えになることが期待されます。一方、油の流出や山火事の発生等の緊急事態に対するテストが行われていないために、実際に事態が発生した時にすぐに手が打てないのではないかというケースも多々見られます。

> **例**
> ①河川内での作業で、重機やエンジン付きの機械がありましたが、油がこぼれた時の吸着マットは、離れた場所の事務所の倉庫内に格納しているため、いざという時には手遅れの状態が懸念されました。給油時には必ず携行するとか機械本体に保管する等の必要性がありました。
> ②山間の土木作業で、山火事を緊急事態とし、その対策は打たれていましたが、消火器はふもとの事務所にしか配置されていませんでしたので、実際には消火器が使えない状況がありました。
> ③ある工事現場の緊急事態連絡表に記載されていた近くの診療所について確認したところ、診療時間が限定的で短いばかりか、診療時間以外は医者がいないことが判明しました。

これらの例は、いずれも「テスト」しないと気が付かないと思われます。テストは、計画作成と一緒に具体的なシミュレーションをするだけでも良いのですが、このような準備に対する点検は非常に重要です。

「発生すると困ること」が万一発生した時の対応、処置が適切にできるか、適切な順番で必要な連絡がされるようにその手順や方法がこれでよいのか、という観点で設定し、見直すことが大事です。審査への対応が目的ではないはずです。これが、「災いを転じて福にする」ための秘訣です。

4-2-5　文書化の程度

　環境に関する文書だけを品質や安全その他とは独立した体系としている場合、会社業務と遊離した活動になりやすく、その実態は審査前に必要な書類作りになりかねません。

　環境MSはもともと「マニュアル」を要求していません。当初から会社の業務の中に「環境」を考慮した活動を取り込むことで環境に及ぼす影響を管理することが目的だからです。

　もう一度原点に戻って、会社の業務によって発生する環境影響を考えていただきたいのです。安全では、工事の種類によって業界全体がすでに経験した多くの事故が分析され、安全管理の手引きやガイド類が整備されています。

　工事の開始時点から、完全管理計画が作成され、その計画に従って作業員への教育がされ、日々の現場巡回や定例のパトロールで運用状況をチェックし、必要な是正処置を行い、その後の計画や運用への展開がされているはずです。

　万一小さな事故でも起きれば、その対応処置がされると思いますが、このような活動は、品質・環境ともに関連していることが理解できるはずです。

　会社の方針や目的を考えたら、より良い「成果」を得るために人は"リスク"を小さくする努力をしているわけなので、その活動に必要な文書や記録は必然的に生じてくるのではないでしょうか。目標を達成するための活動になっていると考えます。

　そうすると、それらがすべて規格の要求する"b)　環境マネジメントシステムの有効性のために必要であると組織が決定した、文書化した情報"であると考えることができます。社内共通のEMS活動に必要な事項が、様々な帳票に少しずつでも入っていれば、それで十分なのです。

4-2-6　外部提供者への協力要請

　環境活動の実態は、現場においてはその大半が協力会社のパフォーマンスの工程に尽きるというのが建設業です。従って、計画したように工事をしてもらわなければなりません。そのために、安全では「送り出し教育依頼」「新規入場者教育」が確立していますが、これに環境を載せることはそう難しくはなく、すでに一部の環境活動への協力依頼などが入っていると思います。

　このように規格に適合したしくみがあるはずですが、その認識が不足していたり、規格の要求を誤解していたりして、うまくかみ合っていない場面に遭遇することが多々あります。

> **例**　発注条件書等に、「ISO9001及びISO14001に従うこと」等が書かれていることを見かけます。このように書いても、何の役にも立ちません。もし、書くのであれば「自主管理により品質の保証ができること」又は「周辺への環境に配慮した作業をすること」などの方が有効です。
> 　また、「残材は持ち帰ること」という表記は、廃掃法に違反する可能性があります。残材が廃棄物の場合「動かぬ証拠」になり、順守義務に対する高いリスクになります。

> **用語解説**　発注条件書：ISO認証時に品質の購買関連文書として普及した文書例。この文書がなければならないと規格は要求していませんが、重要な意味をもつ時があります

第5章

品質・環境統合マニュアル作成のポイント

　改訂規格では、「マニュアル」という表現は無くなりましたが、"MSの有効性のために会社が必要と決定した文書化した情報"が要求されています。これは、帳票だけでも適合しますが、やはり何か標準が欲しくなります。そこで一つの例として、本章ではマニュアルに近いものを提案します。

　この機会に旧来のマニュアルを廃止することも可能ですが、認証機関からは、審査計画を作成するための何らかの情報は求められるため、本章では最低限の情報は含みました。

5-1 統合マニュアルの目次例

　ここで紹介するのは、あくまでもこのような内容にしておくと使い道があるのではないかと思われるものです。新規や中途入社社員に対する会社の概要説明に有効です。また、社員の異動や昇格等で、会社業務の全体が理解できるような内容を考えればよいでしょう。当然、外部へ依頼する必要もなく、自社内で自由に変更できなければなりません。図5-1に目次例を示します。

```
1. 用語と定義（規格要求事項に対する会社の業務への定義付け）
2. 基本事項
   2.1 会社概要
   2.2 事業内容
   2.3 適用範囲及び認証範囲
   2.4 組織体系
   2.5 会議体
   2.6 責任・権限
3. 文書体系
4. 年度管理手順
   4.1 年間行事
   4.2 会議体
   4.3 人事、教育管理
   4.4 方針・目標管理
   4.5 組織構造及び役割（責任・権限）
   4.6 社内管理規則
5. 業務管理
   5.1 営業・積算・契約業務
   5.2 業務計画・購買管理業務
   5.3 工事計画・準備・施工管理
   5.4 工程管理・パトロール・社内検査業務
   5.5 緊急事態・不適合対応
   5.6 工事評価・データ収集
   5.7 引渡し後の活動
6. 設計業務
7. 水平展開・標準化
8. 添付資料（組織図、規格等）
```

図5-1　目次例

5-2 「用語及び定義」の例

　以下に使用する用語の具体的な定義を紹介します。ただし、この内容もすべての会社に当てはまるとは限りません。このような考え方で作っているのか、というヒントだと理解してください。図5-2に用語及び定義の例を示します。

本業務マニュアルに関する用語の定義は、JISQ9000：2015（ISO9000:2015）による。ただし、当社において用いる用語は、次に定義する。

a）年度基本目標
中長期経営計画で挙がった課題を念頭におき、品質・環境方針に沿って年度ごとに計画する企業の活動目標のことを言う。

b）重点施策
品質 MS でいう品質目標であり、環境 MS では環境目標のことを言う。重点施策は、年度の達成目標と具体的な実施事項を盛り込む。

c）幹部会・経営会議（マネジメントレビュー）
当社においては、マネジメントシステムが引き続き、適切、妥当かつ有効であることを確実にするために、マネジメントシステムのレビューを、通常毎月開催する。日々発生する問題や、重点実施事項の実施状況等の報告を行うが、期首及び期中間に行う年2回の総合レビューでは、マネジメントシステムの改善の機会の評価、並びに品質方針及び品質目標を含むマネジメントシステムの変更の必要性の評価も行う。

d）内部監査
当社における内部監査は
①文書化及び文書の管理に関する規定による文書のレビュー
②幹部会における各部門の年度目標の達成状況や問題点の報告とその確認
③現場パトロールによる工事施工計画及び社内規定への適合性や有効性の評価
④経営者に対しては年4回、監査役が取締役会に出席し、経営者の責任について会議を通じて監査。
内部監査の目的は、マネジメントシステムのパフォーマンスや変更の必要性を経営者に提供するためである。

e）設計・開発
当社では「設計」という業務は行っていないが、品質マネジメントシステム規格の「8.3 設計・開発」は、該当するプロセスがある場合に適用する。また、「8.3設計・開発」は、様々な計画に適用することがある。

f）レビュー
直接の担当者以外の業務に精通した者が行う。作成された成果品（半完成状態も含む）に対する要求事項を満たせるかどうか、及び問題点等を明確にして、必要な処置を提案することを言う。

g）検証
インプットとアウトプット（作成された成果品）を対比する形でチェックすることを言う。原則としてアウトプット作成者がリリース前に、それまでのすべてのインプットが満たされたかをチェックする行為で、上司にはインプットへチェックした記録を見せて説明する。

h）妥当性確認
成果品が、指定された用途または意図された用途に応じた要求事項を満たすことを確実にするために、成果品のリリースに先だって、職務権限規程に定義した責任者が実施する承認行為を言う

図5-2　用語と定義の例

　できるだけ会社固有の活動と、規格の用語等を結び付けておくと、社員の理解が進みます。ここで示した例はほんの一例に過ぎないので、それぞれに工夫してください。

5-3 好ましくないマニュアルとはどんなものか

　新規格に対応するために、従来の規格要求事項の項番に従った様式で主語と形容詞を入れたりするようなマニュアルは、非常に使いにくいものです。

　その理由は、2015年版になって細目の要求箇条が多くなり、重複した要求となったこともありますが、それぞれの箇条要求が、実際の業務の中では瞬時に結果を出すようなことまで含まれるため、あえて規格の内容をそのまま文書化しない方が自然に対応できると考えるからです。

　さらに、該当すると思われる箇条だけを文書化すると、第三者からは抜けている箇条が気になって、結局すべての箇条を表現しないと欠陥のあるマニュアルに見られかねません。本書冒頭の「はじめに」で紹介した欧州のやり方と同じ結果になってしまいます。そうしたいのであれば、マニュアルにはむしろ、規格本文を添付する方法がよくなります。

　規格の要求は、何か問題が発生した時や不適合が発生した時に、どのプロセスに適合していなかったのかをレビューする時に使えばよいのです。つまり、辞書と同じような使い方で、逆引きする訳です（図5-3）。

　本書も同様に、困った時の参考書として、必要な個所を見ていただけることを期待した構成としました。

　このような状況を予知したのか分かりませんが、第2章の"7.5.2作成及び更新"（P.57）で説明したように、規格の序文にわざわざ注意書きが盛り込まれたのです。

　大変だから、これまでのマニュアルをそのまま使用しても、実害にならなけ

図5-3　マニュアルの目的

ればよいという考え方もできるかもしれませんが、それでは規格の意図も満たせませんし、社員の意識も変わらないと考えます。

　これまでの形骸的な運用からの脱却の方向を示すことができればと考え、巻末付録にマニュアルの記述例を掲載しました。ただし、一例にすぎないので、この内容にこだわる必要はありません。この中の記述が規格のどの要求事項に該当しているかを考えながら、見ていただくとよいでしょう。

第6章

第三者審査の考え方及び受け方

6-1 第三者認証制度の理解

ISO認証制度とは、組織のマネジメントシステム（MS）がISO 9001規格やISO 14001規格などに適合しているか否かについて、顧客自身（例えば購入者、利用者）が審査する代わりに、第三者の認証機関が組織のMSの適合の状態を審査して、適合すると判断した場合にその組織を認証・公表するしくみです。本章ではその原則を説明します。

■認定機関

1国1機関とされ、日本では「公益財団法人日本適合性認定協会（JAB）」が認定機関です。国際規格ISO17021に基づき、マネジメントシステム審査認証業務を行っている認証機関が適切な仕組みで審査を行っていることを確認し、認証機関を「認定」します。認証組織は直接認定を受けることはできません。

■認証機関

認証を希望する組織が申請する機関で、組織のISO 9001またはISO 14001などの規格に適合しているか否かを審査して、適合している場合は認証書（登録証ともいう）を発行し、公表する機関です。

■申請の手続き

①マネジメントシステム認証審査申請書、②会社概要、③受審組織（事業所）の組織図、④業務フロー概要があれば、認証機関は審査費用、審査プログラムが計画できます。同時に専門性ある審査員を選定して、審査の準備に入ります。

審査の流れは図6-1に示したように、審査で規格に不適合があれば、それを指摘して「是正処置」の適切性を確認して適合であると判断することができます。

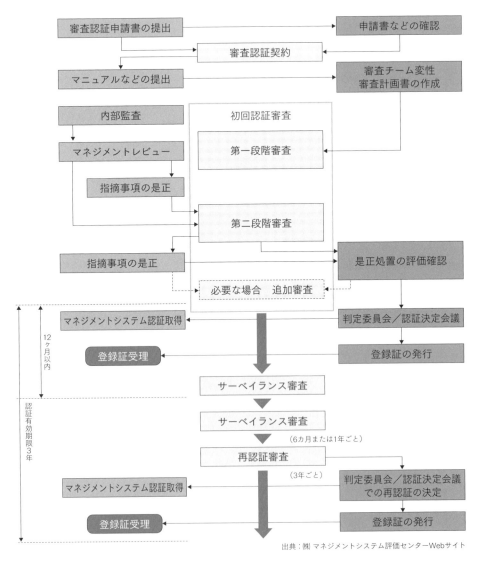

図6-1　審査の流れ

■審査員

企業・組織の審査を行う認証機関の審査員は、所定のレベル以上の経験、知識、能力が要求されます。このため、認証機関ごとに方法・手段は異なりますが、適格性を認められて初めて審査員として認証機関に登録されます。

認証機関とは別に、国際規格ISO17024に基づいて審査員を評価登録する要員認証機関があります。日本ではマネジメントシステム審査員評価登録センター（JRCA）が品質審査員、環境審査員は環境マネジメントシステム審査員評価登録センター（CEAR）がJABから認定を受けています。

■認証の移転

マネジメントシステムの認証を受けている組織は、登録する機関を変えて（審査機関変更）認証の移転をすることができます。過去には費用の安い機関への移転が相次いだことがありました。

国際相互認証制度で、「A国とB国の認定機関が相互認証している場合、その認定機関から認証を受けた認証機関の登録証は同等である」、また「同じ認定機

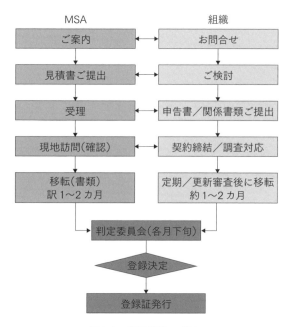

図6-2　認証移転の流れ

関から認証を受けた認証機関の登録証も同等である」とされています。

　ということから、認証組織は図6-2のような手続きは必要ですが、登録先を変更することができるのです。

　以上が、第三者認証制度の概要になります。

6-2 望ましい審査の受け方

　これまで「審査を会社業務にどのように活用するか」という考えを持って審査に対応されたことはあるでしょうか。

　そもそも、第三者審査制度が発想されたのは、「会社の業務プロセスがISO規格の要求に適合しているかどうか」を第三者が客観的にチェックし判断することで、容易に適合の証明ができるという利便性からです。しかも、適合していない部分は是正処置をすることで適合の判断ができます。もし、自身で適合しているという表明をしても、発注者や利害関係者はその主張をにわかには信じられません。従って、その証明を別の方法で求めることになり、双方にとって大変です。第三者の証明があればそれ以上の確認は必要がなくなります。認証を希望する組織は審査前に自身で規格の要求事項との整合をチェックして（序章で説明したギャップ分析）、不足しているところを補えば審査が受けられ、認証されるという考え方なのです。

　それが、いつの間にか規格要求事項に沿った手順やシステムを本業とは別に作成しないと審査に通らないといった「誤解」がありました。「ISOコンサルティング」という新たなサービスが生まれ、全国同じマニュアルや帳票が普及しました。ある意味で、意識の改革にはなったと思いますが、もともとの業務にISO関連書類が増える訳ですから、認証の取得から維持の負担は決して軽くはなかったはずです。

　もし、今でも審査前にあわてていろいろな書類を作成したり、記録ファイル類をチェックしたり、もれている印がないかを確認することが常態化していたら、次回の審査までにそのような書類の廃止を検討してはいかがでしょうか。

　審査員に形を整えた状況を見せて、早く審査が終わることを期待するような審査の受け方からは、何も改善点は出てきません。審査員の質問を待つのでは

なく、会社の業務をどのように進めているかを自ら説明するような審査風景が望まれます。審査は規格要求の意図を理解し、それに対する運用のあり方が現状で十分かどうかを自身で判断できる機会（チャンス）とすべきです。

この第三者審査制度を有効に活用できれば、会社にとっても社員にとっても、何らかの利益につながるはずです。

6-3 審査も変わる必要がある

2015年版では、先に述べたように規格の意図の変化はないものの、細部がかなり変わっているので、当然、受審側も審査の受け方を変える必要があると共に、審査そのものも変わらなければなりません。

審査員に、会社の経営に対するヒントを期待すべきではありません。審査員の仕事は、あくまでも規格に対して客観的に適合かどうかを判断できる証拠を会社に提供することです。審査員は、「依頼者の方針、目的及び目標と結果との間に見られるいかなる不一致についても、それに対して行動がとられるよう、依頼者に伝える」ことが義務なのです。

それを可能にするかしないかは、審査の受け方ひとつで大きく変わります。審査員から普段気が付いていないしくみ上の改善点が示唆されると考えれば、良い方向へ転換することが可能になります。また、審査員の指摘への対応も変える必要があります。例えば、審査員の「○○が明確に記述されていなかった」や「○○記録が無かった」あるいは「○○通り運用されていなかった」というような指摘には、そのまま従うのではなく、その必要性や有効性を評価し、異議があれば質問・反論して規格の意図を理解し、そのしくみ自体の在り方を見直すことで会社自体のメリットになることが重要なのです。それによって、審査員にも新たな発見があるかもしれません。

つまり、審査の場を使って審査員と一緒に自社のしくみ上の改善点を探すのみならず、審査員に対する社員からのプレゼンテーションの訓練にもなることが、第三者認証審査の有効な活用になるわけです。

6-4 会社の常識的な判断基準でよい

　ISOの規格は、人の考え方や会社としての活動の要点を示唆しています。残念ながら、規格の原文は英語のため、翻訳された日本語を読み解いても、なかなかその本質は理解しにくいものです。しかし、規格書の序文や巻末の解説がその意図を導き出してくれるはずです。また、規格は要素別に整理されて書かれているため、実際の活動に対して要求側面が異なります。また規格の何箇所にも要素ごとに分けて書かれているところもあります。従って、要求事項ごとの対応をしてしまうと、これまで多くの会社に見られた本業とはかけ離れたわけの分らないものが出来上がってしまう危険性があるのです。

　要求事項の意図を理解して、総括的に取り込んで会社の通常の活動のどこに該当しているのかを当てはめていくことが、認証を継続して受けるためにも必要なことです。

　その時にどのように判断するべきか。それは会社の文化やこれまでの実績を考えて経営者自らが常識で判断することです。日本の会社はよほどのことが無い限り、規格要求に不適合にはならないはずです。

　審査だけを対象にしたしくみを維持することは、慣れてしまえばその方が一時的な対応で済むため、多くの社員にとっては楽かもしれません。しかし、本当に必要な活動に気が付かないばかりか、無駄な費用が発生し、改善のスピードが遅くなり、他社の後塵を拝することになります。規格の要求を解釈するのは会社自身であり、本来の業務手順を認証のために大きく変える必要はないからです。

6-5 管理責任者と事務局のあり方

　第2章の"5.3組織の役割、責任・権限"でも触れましたが、これまでは規格が要求してきたために、その役割も良く理解できないまま管理責任者が審査の中心という状態が続いてきたと思います。しかし、認証期間の長期化で、次第にその役割も明確になってきています。管理責任者の呼称は無くなりましたが、以前から管理責任者に求められていた"責任及び権限"は残っているので、会社

がこれまで通り、管理責任者を置くことは何の支障もありません。会社に定着した管理責任者を急に止める必要もないわけです。認証機関は基本的に、規格にない職名を要求できなくなりますが、実は管理責任者という審査の取りまとめ役がいれば都合がよいはずです。従って、従来通りの管理責任者を中心に審査を要望することは可能です。

そもそも管理責任者という要求は、品質システムの"ISO9001：1994年版"以来、社長の懐刀のような位置付けでした。つまり、自分の上司の責任・権限を飛び越えて社長に直接、"システムの見直し及び改善の根拠とするためのシステムの実施状況を報告すること"が求められていました。ISO14001：1996、ISO9001：2000からのMSでも、その役割の基本は変わっていません。ところがいつの間にか、ISOマネジメントシステムの審査対応が主な役割として位置付けられてきました。

実際はどうでしょうか。会社の規模が小さい時は社長がすべてを決め、こなしますが、社員が増え会社が大きくなると、社長に代わって部門の長がその責任・権限を委譲されて采配を振り、重要事項は社長の決裁を受けるはずです。管理責任者の要求はISOの担当者ではなく、まさにその社長の代理の位置付けです。**規格の要求**をよく見てください。役員や部門長の役割が書かれていることに気が付くはずです。従って、管理責任者がいない会社の審査では、それぞれの部門長からMSの運用状況を聞いて確認する方向に変化すると思います。

ところで、ISO事務局はどうでしょうか。もともと規格は、特別にこのような部署を求めていません。実際には管理責任者の手足となって、審査用の書類作りとなっているのではないでしょうか。もし、少しでもそのような役割があるとすれば、事務局が審査をすべてこなすということになりかねません。

「ISOは〇×さんと事務局に任せればよい」と言って、他の部署や社員が関心を持たなければ、規格の「適合」の実感が得られないばかりか、認証を維持する意味がなくなります。規格が"管理責任者"の呼称をやめた理由は、第2章で説明した規格の意図なので、認証を継続するからには、全社員に事務局が作った様式を使用させるのではなく、規格の意図の理解をさせることが重要です。

> **ワンポイント**　規格の要求："5.3 組織の役割、責任及び権限"にあるように役職者としてマネジメントシステムが会社の業務システムと考えれば、ごく当たり前の要求です

ISOの審査を請負う事務局が審査用の書類を部署に作らせることは、結果として会社の健全な運営の足を引っ張ることになりかねません。
　建設業におけるISO運営の実態は、残念ながらまだ、全社員の参加や規格の意図の理解には至っていないと思います。社内の周知・啓蒙という本来の目的を果たすために、事務局が本業の責任・権限を越えて指示するような混乱を避けるように注意すべきでしょう。

終章

建設業の
マネジメントシステムの今後

今後の方向性と展望

　すでに企業活動に定着している我が国の第三者認証制度は、実はこれからが本当の真価を問われる時期に入ったと言えます。紆余曲折はあったものの、ようやくこの制度の良し悪しや、運用のコツのようなものが見え始めてきていると筆者は感じています。

　世の中の決め事には、「決めておかないと認識されないために実施されないとか、判断や実行上の混乱が生じる場合」と、逆に「決めたように活動はされているものの、本来の主旨に満たない活動になってしまう」という二つの側面があります。いわゆる、規則類や手順類といったマニュアルは必要な決めごとではあるものの、その通りやったからといって、必ずしも改善につながらないことも多くあります。また、マニュアルを改善しようと思ってもどこを直していいのか、判らなくなることも多々あります。従って、ここに「第三者のMS審査」の必要性があると考えればよいのです。

　規格をベースとして、運用における適合性とその有効性を第三者が評価するのがこの制度です。第三者である審査員が1年ごとに訪問して、システムの改善について会社の背中を押すような制度は、ISO認証制度以外にはないのです。その審査員に自身のMSが規格要求に適合していることを自ら説明できること、すなわち「説明責任が果たせる」ように準備しておくことが大切です。この制度をうまく活用して、社員のプレゼンテーションの力量向上に役立てるととも

に、第三者に開示できるように社内を整備しておくことは、経営上の大きなメリットになると考えます。

マネジメントシステム（MS）とは

最後にもう一度、MSを分りやすく言い換えてみましょう。一つでも該当していれば、恐らく読者の会社では有効なしくみとして機能するのではないかと思います。

① 目標を達成するためのツールと考えPDCAを回すこと

MSは製品やサービスを提供する仕事のしくみであり、経営のためのしくみにつながっているのです。そして、向上（継続的改善）が得られなければ、適合しているとは言えません。そのためにPDCAを回すのです。計画した時に想像した結果と実際の結果が比べられるかに目を向けることが求められていることを認識すべきでしょう。図1は大きなPDCAの中にそれぞれ小さなPDCAがあるという意味です。

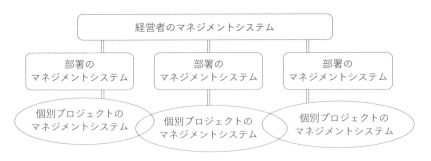

図1　組織のマネジメントシステム

② 仕事のしやすさを提供できるしくみ

プロセス（仕事の順序、つまり典型的なものは仕事の過程や工程）が有効な成果を得ているかという見方です。

規格に適合するために、何がしかの仕事を増やすことが求められているのではありません。重要なポイントを見逃さずに効率よく仕事の管理ができること、昔から言われる「段取り八分」が満たされているかが求められているのです（目

標の設定や計画の重要性）。当然、その結果としての成果が上がらなければなりません。

③　個人のミスを減らし、ミスを会社として事前に発見できるしくみ

　人は過ちをする動物とも言われています。誰だって間違えたくて間違えるのではなく、気がつかないのです。

　周囲がそれをチェックできなければ、個人の間違いが会社の間違いになるのです。会社のしくみとして、相互に監視でき、間違い防止が機能していることが有効な適合状態といえます（承認や監視のしくみ）。

　もし、間違いに気が付いていても、決まりごとを守らずに放置していたら、それはもう危険な状態です（ここではあくまでも良識ある考えにもとづいていることが前提であり、意図的な放置・隠蔽は論外です）。ISO9001:2015で、"8.5.1g)にヒューマンエラーを防止するための処置"という要求が入ったのはこのような観点からみて当然だと思います。

④　改善の余地に気がつき、自らしくみを改善できるしくみ

　通常、ちょっとした改善なら個人レベルでやっていけます。会社を挙げて取組まなければならないような場合は、何らかのきっかけが必要でしょう。そうでないとなかなか改善ができないのが、人の弱さというものです。

　基本はしくみで人々を動かさなければなりません。そのしくみを確立することを規格が求めているのです（内部監査が代表的要求）。

　何となく、「ああすればよい」ということが判っていても、なかなかそれができないということはないでしょうか。社内で議論が始まれば、改善の糸口が見えてくると考えたいのです。客観的な測定結果に基づくプロセスの継続的改善をしくみとして構築することが望まれます（図2）。

　また、本人はまったく気がつかないことでも、他の人に言われて気がつくことが多いはずで、些細なことであっても会社全体に展開すると無視できない場合があることを認識すべきと考えます。

⑤　経営者の考えを全員が共有できるしくみ

　この言葉は、よく聞かれることばなのではないでしょうか。こうなるためには、「全員が社長と同じ気持ちでやっているから成功した」とか、「社長の考えは社員全員が理解しているので、当社は…」というような、共通の理解が必要

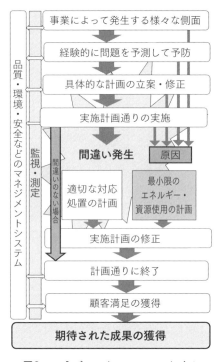

図2　マネジメントシステムのしくみ

です。

どのような機会（マネジメントレビュー）でどのようにすれば、経営者の考えを分かち合える（コミュニケーション）のか、考えてみていただきたいのです。「要求事項を理解し，満足させる」という原則を忘れてはなりません。

実感することが重要

ISOは継続することが重要です。継続のために絶対に欠くべからざるものは、社員が実感することです。実感が伴わない取組みに向上はありません。

明らかに無駄とわかっていることを一生懸命にさせることは、かえって人の意欲を失わせることになります。同時に達成感のない活動は長続きしません。努力してそれが達成できると、人は次も同じように頑張ることができます。そうすればあとは意識しなくても継続的に改善活動が進んでいくはずです。

始めから結果が出ないとわかっていたら、人は動こうとはしません。さらに、自分は会社の役に立っているという意識を持たせることが、すなわち"会社の管理下で働く人々が、パフォーマンスの向上によって得られる便益を含む、MSの有効性に対する自らの貢献"であると理解することです。

　部下にその道筋をつけてやる（計画を作らせる）ことが、上司に必要な力量です。自分が考えた計画通りに、物事を進めることのむずかしさを体験しながら、うまくいった時の喜びを体験させることが人を成長させるのです。

　ISOのしくみの運用で、行き着く先は社員の教育（力量の向上）に帰結します。会社によって、個人によって成長のスピードが違うのは止むを得ないことですが、筆者は人を育てていくことが、ISO9001などのマネジメントシステム規格の意図の一つと理解しています。

　最後までお読み頂き感謝します。

　規格の意図をうまく会社の活動に取り入れて、改善の実感を得て頂きながら、発展されることを願っています。

付録

品質・環境統合マニュアルの例

　ISO規格はもともと会社の業務との一体化を意図していましたが、第三者認証制度によって、それぞれ独立したマネジメントシステムとして広く普及・定着したため、業務の実態とはかけ離れた運用が多く見られます。一度浸透したシステムを変えることには抵抗を感じると思われますが、規格が変わって従来の形のマニュアルは要求されていないことが明確になったのです。それなら、会社が実際に必要とするマニュアル、つまり審査の時や内部監査の時だけ見るようなマニュアルではなく、通常の業務における必要事項を規定するマニュアルの方が将来的に有効だと考えます。

　そこで詳細な事例として、一つの提案をご紹介したいと思います。

1．会社概略
1.1　事業内容
1.2　適用範囲
1.3　組織体系
1.4　行事予定
1.5　用語と定義
2．基本事項
2.6　責任及び権限

　会社業務における責任・権限は、「職務権限規程」「内部規定」による。
　社長は、以下の事項について責任と権限を持たせた部門責任者を任命し、マネジメントシステムの運用・管理にあたらせると同時に、それぞれの責任の領

域においてリーダーシップを発揮できるよう、管理層の役割を支援する。
a）マネジメントシステムに必要なプロセスの確立、実施及び維持を確実にする
b）マネジメントシステムの実施状況（パフォーマンス）及び提案を含め改善の必要性の有無について、レビューのために社長に報告する
c）会社全体にわたって、顧客要求事項に対する認識を高めることを確実にする

2.4 重点施策の設定と運用及び維持

　社長は中長期重点施策計画に基づき、設定された年度基本方針に従って、重点施策を設定する。

　重点施策は、年度基本方針達成のために法的その他の要求事項へ適合し、部署活動に必要な品質、環境（会社が順守すべき環境関連法や顧客要求事項並びに業務に伴う著しい環境側面等を考慮に入れる）に関する内容を含む。

a）重点施策はその達成度が判定可能なように設定する
b）重点施策には部門における目標を達成するための責任の明示と目標達成のための手段及び日程を含める
c）各部門は重点施策を目標に展開して実施し、達成状況を幹部会で報告する
d）施工プロジェクトでは、個別製品要求事項や順守事項を明確にして、取り組むべきリスク及び機会を目標に設定して、円滑な運営を図る
e）目標を達成した場合、部門長は次の段階の目標を設定する
f）社長は必要に応じて年度基本方針を変更すると同時に、重点施策の変更とその達成期限を定める
g）途中段階で計画通り達成が見込まれない時は、部門長は社長に重点施策の変更案とその理由を添えて報告し、承認を得る

3. 文書体系

3.1 文書化及び文書の管理に関する規定

　マネジメントシステムの文書化には次の事項を含む。

a）業務マニュアル、社内規程集、○○業務フローチャート
b）方針、目標を表明して、文書化したもの
c）当社のマネジメントシステムの効果的な計画、運用及び管理を確実に実施

するために、当社が必要と判断した記録を含む文書。これには、社内規定に加えて社内で発行する文書、当社に必要な外部からの文書すべてを含む

d）社外へ発行する文書は社長の承認を得る。新規帳票は作成者が管理し、必要に応じて社内へ周知する

e）記録は「文書管理規程」に従って維持管理する。ここで言う記録は、後からパソコン等で清書したものは含まない。原則として業務に使用したもの、業務で検討したもの、検査等で使用した記録類を言う。パソコンのデータとして保存する場合は書き替えができない状態とする

f）電子ファイル等の名称、フォルダの作り方等は「文書管理規程」による。

g）文書発行の責任者は、「職務権限規程」による

h）文書管理補足事項（文書管理規定にない事項）

　①外部から入ってくる文書のうち、郵送物は総務部が発信者及び宛先を確認して当該宛先へ配付する

　②当社宛ての個人名がない文書は、総務部が開封し、その内容を確認して必要部門へ配付する

　③各部門で外部より入手した文書は、その文書の必要性の程度により、保管管理または必要部門へ配付する

　④文書のレビューは、各部門長が毎年3月に部門業務との整合を確認し、規格の要求に適合しているかを確認する内部監査にて実施する。各部門長はレビューの記録を保存し、部門長はこの記録を保管する

　⑤文書の廃止は、レビューの後で部門長が決定し、社長承認を得て社内周知し、誤使用の無いように表示または、フォルダ管理をする

3.2 業務マニュアルの扱い

a）本業務マニュアルは、当社におけるマネジメントシステムの運営の基幹文書で、全社員へ配付する。外部からの要求があれば、その目的以外に使用しないことを文書で示して、複写を発行することができる

b）認証審査に使用するシステム基幹文書であることから、要求に応じて認証機関及び認証審査員へ配付する

c）本マニュアルの管理、維持は社長の承認に基づき部門長が行う

4. 会議体

社長はマネジメントシステムの有効性のために、自社内にコミュニケーションのために適切なプロセスが確立することを確実にし、また、マネジメントシステムの有効性に関して、情報交換が行われていることを確実にすることを目的に、以下の会議体を設定する。

それぞれの会議体では決定事項を文書化し議事録に記録する。

4.1 取締役会

取締役会（3カ月ごと）は会社の最高決定会議体であるが、基本事項は幹部会で検討する。

4.2 幹部会・経営会議（定例で実施するマネジメントレビュー）

社長は、マネジメントシステムが引き続き適切であり、妥当であり、効果的であることを確実にするために、部長以上の役職者により原則、毎月第○○曜日にマネジメントシステム全体のレビューを行う。ただし、社長が必要と判断した場合は随時レビューを臨時で開催する。幹部会では、次の事項について社長が評価することを含める。

a）前回までの幹部会の結果とった処置
b）内外の課題の変化、該当する場合順守すべき法令への対応
c）マネジメントシステムのパフォーマンス及び有効性の状況
  1）工事の進捗状況と協力会社の動向、顧客及び発注者からの情報
  2）利害関係者や顧客とのコミュニケーション等のフィードバック事項
  3）部署及び工事に関する目標の達成状況及び業務上の不具合、問題事項（品質、コスト、工期、周辺環境、安全等）
  4）問題に対して取った修正及び処置、受注及び施工計画の実施状況
  5）検査、パトロール等の結果、外部監査の結果
d）資源の状況
e）定常的なデータ分析結果及び測定結果
f）改善及び変更の必要性を評価

レビューの結果は、「幹部会議事録」で持ち寄った資料及び決定事項を維持する。

4.2.1 幹部会及び○月の取締役会からのアウトプット

a）社内業務及び営業情報に対する決定または指示（社内規定、記録様式等の変更、業務手順の変更、継続的改善を含む基本方針、品質目標、環境目標及びその他の環境マネジメントシステムの要素へ加え得る変更）

b）顧客要求事項にかかわる製品の改善（工事の受注活動、工期厳守対策、コストダウン、ＶＥ提案、顧客クレームや施工の失敗、不良製品等に関わる検討・指示）

c）資源の必要性（組織の変更、人事採用・異動・昇格、購買、廃棄）

幹部会における検討の結果は、「幹部会議事録」及び「稟議書」「契約書」「下請工事注文書」等それぞれの様式を使用して記録する。

4.3　全社会議

毎月末に全社員が参加して実施する会議

a）各現場の進捗状況や今後の予定、発注者や顧客の動向等の報告を行う
b）現場の竣工状況・時期や問題点の報告を行う
c）社長、幹部からの業務指示事項及び実績の報告を行う

4.4　朝礼

毎朝現場直行者を除き、各部の日々の予定、業務内容報告、各自の予定表の連絡を行う。

現場においては、現場の責任者が実施し、作業員全員に対して、その日の作業内容、安全及び環境留意事項について注意する。

4.5　社内事前検討会

検討会は、〇万円以上の工事及び未経験工事や入札過程で必要と判断した工事案件について実施する。

検討の結果、施工体制の確立、品質目標（重点管理項目）、管理すべき著しい環境側面の決定、環境目標（環境活動の要点）、主要協力業者、実行予算、現場パトロール（内部監査）の必要性及び時期等について、明確にすることを目的とする。

具体的な内容は、「7.1施工の計画」による。

4.6　臨時、緊急事態対応

社長は、事故、災害、重大クレーム等緊急事態が発生した時、その対策について臨時の会議を招集し、対応処置と外部コミュニケーションについて協議す

る。

　このような場合は、終了するまで何度も必要に応じて開催し、事象の進展に伴って適宜対応処置の変更を行うと共に、関係機関、行政と綿密な情報交換を行う。これらの決定事項は記録に残す。詳細は、「7.7　施工ミスや環境関連の緊急事態等への対応」による。

4.7　事後検討会
a）施工プロジェクト完了後、必要に応じて施工のレビュー会議を開催する
b）顧客検査の結果を報告する（顧客満足のデータとする）
c）協力会社のパフォーマンスに関する情報と管理体制上の反省点
d）次回以降の入札や見積りへ反映すべき事項をまとめる

4.8　引渡し後のメンテナンス
　顧客に引渡した後は、必要に応じて担当者が顧客に対応し、その結果を「メンテナンス報告書」等に記録する。また、定例会議等で報告する。

5.　営業関連業務
5.1　工事受注業務
5.1.1　営業情報の入手と承認
　営業担当者は、顧客からの引き合い、入札指名、官公庁のホームページ、業界新聞、他社からの情報等から、さらに必要な情報を入手し、見積に取組むかどうかを検討する。

　社内承認を得る時には、
a）顧客が規定した要求事項。これには、顧客の期待または不満について対応の可否を含める
b）製品に関する法令・規制要求事項
c）自社が必要と判断する追加要求事項
d）引渡し後の活動を含む製品要求事項が定められていること
e）プロジェクトに特有な配慮すべき環境側面及び法的その他の要求事項等
f）与信管理（必要な場合は発注者の与信調査）
　等の該当する事項を明確にする。

5.1.2　顧客対応
　営業担当者は、顧客からの引き合い、契約もしくは注文、またはそれらの変

更打合せ等を適切に実施する。顧客の提示内容の変更や以前の情報と異なる場合または、現地の状況との不整合等業務に支障がある場合は、必要に応じて顧客に文書で報告し、不明な点は解消する。

　営業訪問や進捗に応じて適宜情報の交換、報告を行う。その内容は、「打合せ議事録」等に記録する。

　顧客・発注者から既存設計図、見本等を借りた場合には、「借用書」等を作成し、顧客へ後日返却することを伝える。

　承認後、その対応についてレビューの上、積算見積作業を開始する。

5.2　見積業務及び入札

　社内の見積決定及び入札参加願いが受理された後、所定の設計書または入札関連資料及び現場説明書、質疑応答書、打合せ議事録等から、適切な数量を積算し、単価値入を行う。

a) 見積、施工管理の担当者、その責任体制、見積書提出までの作業の段階及び段階ごとのレビュー、検証の実施、提出前の妥当性確認日の決定をする
b) 部門長に指名された担当者は、外注等への見積条件の整理及び積算、下請けからの見積を取得し、見積範囲等の整合を確認
c) それまでの入札関連資料や設計図書に対して積算された数値が間違っていないか、見積条件等の情報が的確に数値に反映されているか、インプット情報と積算拾い出しと対比するチェック（検証）を行う
d) 部門長は、担当者の進捗状況を管理するとともに必要な助言を行い、当初計画した段階で必ず報告を受けその内容を確認する。確認した記録（日付とサイン）を残し、担当者に保管させる
e) 必要な場合は、仮設計画及び工事工程表を作成する（工事部へ依頼）
f) 見積段階における顧客からの情報不足、不整合、現地状況との矛盾、法規制等で不明な点がある場合は、速やかに顧客へ文書で問い合わせ、回答を得る。回答が得られない場合は、見積りに採用した条件を明記して顧客へ提出し、必要な説明を行う
g) 見積担当者は、作業が終了し内部提出する時には、それまでの検討事項によって顧客の要求を満たしたことを確認し、その証拠を添付して上司に見積検討内容を説明する

h）単価値入後、部門長は担当者と調整の上、工事原価を概ね確定する。入札前は社長以下幹部が積算ネットを検討し、入札額を決定し結果を原価表、または関連する文書に記録する
ｉ）担当者は毎回のチェック記録を保管し、部門長の指示により保管期限を過ぎた段階で廃棄する

5.3 変更に対するレビュー

　変更等の要請に関して、顧客がその要求事項を書面で示さない場合には、営業担当者、工事責任者は顧客要求事項を「打合せ議事録」等に記録し、受諾する前に社長の承認を得る。

　製品要求事項が変更された場合、関連する文書を修正し、変更部分が分かるようにする。また、その変更事項を受けた者は、関連する部門や協力会社へ変更の詳細を伝達されるようにする。変更された内容に関しては、その後のフォローの機会毎に適切であることを確認する。

6．施工管理業務

6.1 施工の計画

6.1.1　施工準備

　工事受注後、工事担当部門長は速やかに担当者を決めると同時に必要な場合、関係するメンバーを集めて「社内事前検討会チェックリスト」に従って、環境側面一覧表やそれまでのインプット情報を参考に工事に特有な条件や順守事項等から「重点管理目標（品質・環境目標）」を決定する。

　また、営業から引き継がれた入札条件書等から、顧客要求事項、順守事項、環境側面から来る環境配慮項目、当社の要求事項を明確にし、品質・環境目標として計画書に反映する。

　工事担当者は、「社内事前検討会」における指示事項等を議事録に記録し、参加者へ配布する。工事担当部門長は、その内容を確認し、必要があれば補足事項を指示する。

6.1.2　施工計画文書の様式と作成

　施工のために必要な計画のアウトプットは、計画の運営に適した自由形式とする。

　発注者要求があれば、それに従った内容とするが、以下の項目を考慮し、イ

ンプットの適切性を確認して計画内容に反映する
a）製品の要求事項を満たすために重点管理すべき事項及び「社内事前検討会」の指示事項を品質・環境目標とし、その実施の具体的な計画を策定する
b）入札までに検討した事項。これには環境関連のリスク（管理する必要がある環境側面及び緊急事態と関連する法的及びその他の要求事項）から管理できる事項を設定し、その実施のための手段及び日程等具体的な事項を含める
c）その施工のための工程の確立、必要とする仮設計画、施工図、施工要領等の文書の確立、材料、下請業者、リース等資源の必要性
d）その製品のための必要な検証、妥当性確認、監視、検査及び試験活動ならびに設計図書や仕様書等に記載されている製品合否判定基準
e）施工の手順及びその結果としての構造物等が、要求事項を満たしていることを実証するために必要な記録、これには工事完成後発注者に提出する記録を含む

6.1.3　施工計画文書作成上の注意点

a）担当者は計画書の提出時期を上司と設定し、提出までの作成プロセスと内容の検討時期を設定する。工事計画文書の作成における留意点は、発注者要求事項を満足するとともに「管理目標（品質・環境目標）」を達成することである
b）元請け工事については発注者要求項目を満たす「工事施工計画書」を作成することを標準とする
c）諸口工事の場合、計画の様式は顧客要求及び金額と業務の遂行に見合ったものとする
d）作成段階において、担当者が作成した計画の各部分をチェックする時は、入札、契約時の文書、仕様書等のインプット情報を基準にして計画のアウトプットがインプット情報を満たしているかを対比して検証し、インプットまたはアウトプットへ書き込みチェックの記録を残す
e）担当者は提出前に、インプットと対比してチェックを行った「検証の記録（チェックした記録）」とともに最終アウトプットを部門長に提出して承認を得る

f）部門長は、「社内事前検討会」の議事録及び「検証の記録」を確認して、結果が製品要求事項を満たせるかどうかを評価し、問題点があればその処置の提案を行い、修正後意図された用途を満たし得ることが確実になっていることの妥当性を確認して承認する

g）上司との検討においては、説明に使用した資料への書き込み記録を残し、承認前に確認する時の合否判定基準とする。作成途中段階でチェックした記録は、提出後承認を受けた段階で廃棄するか、必要な場合は保存期間を設定して保管する

6.2　施工プロセスの妥当性確認

　以下のような場合には、確実な施工のために、事前に工事の部分的な先行施工、試験等により、事前に現物で確認または書類上でシミュレーション等による実証を行い、その実施のための各種必要条件を確定して計画に反映する。

a）計画段階または施工開始後、それまでの手順書や施工経験では確実な結果が得られないと判断した時は試験施工を計画する

b）使用経験の無い新しい材料を使用する場合は、その材料を先に使用して、不具合の無いことを確認する

c）試験、施工に必要な要求資格等の特別な技量を要求された場合は、満たせる技量者を選任するか、実際の仕事で技量を確認する

d）限られた工期での確実な施工を計画する場合は工程表で検討する

e）環境上の緊急事態に対するテスト（模擬訓練、シミュレーション）

　その結果を以下の管理項目または施工上のポイントのうち、必要な事項を実施施工計画に反映する。

　これらの施工では、設定したまたは決めた条件通りに実施することを監視・測定すること。

　そして監視または測定によって計画通りでない場合は、その原因を特定して再発防止対策を決めて実施する。

6.4　購買手続

　見積り段階及び工事に必要な材料購入、リースやレンタル品及び外注等の決定手順は、「購買管理規程」「○○業務フローチャート（仕入・外注処理、支払い業務）」に従う。

発注・受入・検収・評価の責任権限は「職務権限規程」に定める。

6.4.1　購買先の選定

　購買先の選定は、原則として取引口座を持つ実績ある業者の中から選定する。選定における過程では以下の事項に従う。

a）購買した製品がその後の施工工程または建設物に及ぼす影響に応じて、相互に決定した管理の方式、程度及び協力会社との契約前の協議事項等は「注文書」に記述するか、条件書等を添付する

b）新規業者との取引に際しては、「職務権限規程　別表○」により「与信管理規程」に従った調査結果を報告する

c）「購買管理規程」に従って稟議書で承認を得る場合、購買担当者は協力会社に伝達する前に、必要な購買製品に関する情報を明確にし、次の事項のうち個々の条件に該当するものを含め、規定した購買要求事項が妥当であることを確実にしてから伝達する

　　①依頼する工事範囲、責任分担等の条件

　　②施工図や要領書等、計画文書及び設備の承認に関する事項

　　③作業員の適格性確認に関する事項

　　④工場等の検査立合いの有無

　　⑤工事によって発生する著しい環境側面に関して、協力会社に適用可能な運用基準等が明記された手順類及び環境活動に関連する事項

　　⑥作業員や使用機器等の安全管理上の提出物等必要事項

6.4.2　購買製品の検証、材料の受入検収及び搬出時の検収

a）工事における購買製品は規定した購買要求事項を満たしていることを確実にするために、受入検査者は納品伝票に基づいて、合否判定基準や発注条件等に照らして検査または検証を行う

b）その記録は、必要に応じて「検査記録」「作業日報」または「納品伝票」等とし、合格であれば受入検査者はその旨を日付とともにサインする。不合格の場合は相手先に連絡して適切に処置する

c）残材料の搬出では、送り先の伝票または送付状に確認した数量を書き込んでサインし、搬出の許可を与える

d）廃棄物の搬出に際しては、法定のマニフェスト発行手順に従う

7.5 施工管理

a) 本施工開始前に、工事乗り込み場所への事前調査によって、施工条件がそれまでのインプットと異なる場合や施工で顧客の所有物に支障を及ぼす場合等は、写真等を付けた文書にてその状況を発注者へ報告し、その指示に従う

b) 改修工事や顧客の施設内での作業の場合、施工に先立ち必要な現況写真を記録し、施工に伴って顧客の所有物を損傷していないことの証拠を事前に記録し、発注者へ写しを提出する。発注者の要求がある場合は、その指示に従う

c) 設計図上の不整合、不備に関する発注者への質疑報告は、質疑応答書及び打合せ議事録を使用する

d) 使用するためまたは製品に組み込むために提供された顧客の所有物の識別、検証及び保護・防護をする。顧客の所有物を紛失、損傷した場合、または使用に適さないとわかった場合には、顧客に報告し、「協議書」または「打合せ議事録」等に記録する

e) 使用材料は、受け入れ時に現場担当者が納入伝票で間違いがないことを確認し、記録とする。類似の材料等は明確に識別し、誤使用を防止する。材料に化管法ＳＤＳ(安全データシート)が付いている場合は、作業者へ取扱い上の注意をするとともに、注意点を使用する現場へ掲示する

f) 現場で取扱い中に劣化する可能性のある材料は、材料特性に応じた保管場所、養生方法、保管期間を設定し、管理する

g) 工事の進捗に伴い、適切な養生期間を確保し、ミス防止や作業員への指示間違いの無いように工事の段階や部位ごとに必要な表示を行う

h) 本施工においては計画に従って顧客要求事項を順守し、計画通り工事を行ったことを確認した施工記録を「工事日報・作業指示書」や「危険予知活動表」「諸検査記録書」「協力会社業者指示書」「施工チェックシート・施工記録写真」等に残す

i) 現場責任者は施工途中における品質の確認を行い、計画通りでないことが判明した場合は適切に修正及び是正処置をとる

j) 施工完了した製品が引渡し前に損傷することを防止するために必要な養

生・保護を行う

k）工事の円滑な遂行のために、発注者との定例の打合せの機会を設定し、必要な情報の交換を行い、結果を記録する。また、作業員との日々の打合せを実施し、合わせて必要な環境影響に関する管理の留意点についても、朝礼、定例打合せ等で作業員全員に伝達する

7.6 工程検査及び部分引渡し

a）工事の途中段階や部分的に完了した段階で所定の手順に従って、定められた検査を行い、その結果を記録する
b）環境関連法等、順守の評価がされていることを確認し記録する
c）検査で使用する測定機器類は、適切な状態を維持し、実施したキャリブレーション等の記録を保管する（機器の管理は7.8を参照）
d）検査記録には検査者を明記し、合否判定基準等を引用する等して適合の証拠を維持する
e）検査の結果、必要な手直し等が発生した場合は、速やかに処置を実施し、次工程へのリリース前に再確認したことを検査表等へ記録する
f）工区別等の部分的に先行して引渡しをする場合は、社長の指示により引渡し先に対して、引渡し日、引渡す範囲、引渡しの担当者名等を記載した文書を作成し発注者に提出する。引き渡しの事実を明確に記録しておく

7.7 施工ミスや環境関連の緊急事態等への対応（不適合製品の管理・是正処置）

a）工事のミスや失敗及び環境関連の流出や汚染等、緊急事態が判明した時は、手順に従い速やかに処置を行い、上司へ必要な報告をする。その後の対応は、上司の指示を仰ぐ。当事者である協力会社作業員及び職長との連携を維持する

　不適合製品の処置は、社長の指示により以下の通り処置する。
・手直し：要求事項に適合するように、不具合部分を修正する。
・やり直し：不具合部分を取り壊してやり直す。
・特別採用：社長または顧客が承認したとき、その使用を許可する。
・廃棄処分：本来の意図された使用または適用ができない場合に処置をとる。

b）発注者または関係官庁に連絡する必要があると判断された時は、工事責任者が速やかに報告し、その指示や協議の内容に従って修正を行う。その結

果を「災害・事故報告及び再発防止対策書」に記録し、社長へ報告する
c）緊急事態への対応の手順が適切であるかを、定期的または緊急事態発生の後に、レビューし、必要に応じて手順を改定する。また、実行可能な場合は、机上、演習、シミュレーション等で事前にテストする
d）緊急事態が発生した後には、失敗の原因やどのプロセスまたは条件に問題があったかを十分検討し、再度失敗しない対策を計画し、その通りに施工する。また、原因に該当する規格要求事項を明確に特定する
e）修正した部分が適切な状態になったことを確認し、必要な場合は報告または検査を受け、その結果を記録する
f）工事終了時点で、これらの処置の有効性を確認し、必要な場合、手順へ反映し社内標準化をはかる
g）施工完了して引渡した後で、不具合、クレーム、瑕疵が発生した場合は、即座に対応し、その原因を調査するとともに、適切な処置を行う。これら経緯を含めて記録を残し、社内報告及び再発防止の対策検討時に使用する

7.8　監視及び測定資源の管理

　当社は、定められた要求事項に対する製品の適合を実証するために必要な、実施すべき監視機器及び測定機器に関する管理を、次の事項を含めて定める。
　現場責任者は、実施すべき監視及び測定を明確にし、そのために適切な監視機器及び測定の機器を使用する。
　監視及び測定の要求事項との整合性が確保できる方法で、監視及び測定ができることを確実にするために、機器の使用方法とその結果の判定ができる方法（測定点のサンプリングや採取場所、適切な結果を得るための測定の回数を含む）を明確にする。必要な場合は、計画書を作成する。
　検査・試験や業務に影響を及ぼす重要な測定で、測定値の正当性が保証されなければならない測定機器に関して次の事項を満たすようにする。

①監視・測定機器管理表に基づき各々期間を定めて校正・点検を行う。なお、検査機器は使用前及び使用後に、キャリブレーションを行って適切に計測ができることを確認し、それらを記録する
②社内規定の通り使用前、使用後の点検で機器の状態が適切であることを確認し、その記録を検査・測定結果に残す。現場の墨出し測量においては現

地に出した墨が記録になることがある。従って、逃げ杭や仮ベンチマーク等は移動したり、消滅しないよう堅固に養生する

その他の機器については、機器の取り扱い手順に従って管理し、使用した機器を特定できる情報を一緒に記録しておく。

8. 監視、測定、分析及び評価
8.1 内部監査

マネジメントシステムの効果的運用については、社長がすべての責任と権限を有する。

部門長は、社長から指示があった時に社長と監査の目的を明確にして、その目的が達成できる監査計画を立案する。

当社は以下の事項が満たされているか否かを明確にするために、定められた期間で内部監査を実施し、マネジメントシステムの改善を図る。

a）マネジメントシステムとして当社の規定に適合しているか
b）ISO9001、ISO14001の規格要求を満たしているか
c）マネジメントシステムが効果的に実施され、維持されているか

具体的な内部監査プログラムは、以下の通り。

a）部門長は、〇月の幹部会議で前年度の計画に対する実施結果を社長に報告する。

部門長は、マネジメントシステムの改善及び変更の必要性をマネジメントレビュー及び定例の会議体に提議する。社長はその内容を評価し、具体的な対応処置を決定する。

a）〇月の取締役会では、前年度の実施結果とその実績から〇月に設定された当該年度の具体的な実施計画について、社長がその計画を評価する
b）製品の品質及び環境活動については以下の内部監査を実施する
　①定常業務監査：毎月実施する幹部会議で、年度経営計画に対する実施・進捗状況を各責任者が報告する。社長は、必要に応じて修正及び是正処置の指示を行う
　②作業現場監査：工程及び領域の状態と重要性、並びにこれまでの監査結果を考慮して、各部門長は作業所を選定し「安全・品質・環境パトロール」を月1現場以上、パトロールチェックシートを用いて実施する

③事故、不具合発生時等社長の指示による臨時監査
　また、内部監査の結果への対応は以下の通り。
a）パトロールの際に指摘された事項は、現場責任者が修正し、その原因を排除するために必要な是正処置を行う。ただし、現場責任者では是正処置できない場合は部門長に報告し、指示を仰ぐ。現場責任者及び部門長（必要により）は、速やかに修正・是正報告を行う（現場品質・環境・安全パトロール修正・是正報告書）
b）現場のパトロールチェックシートには、前回の結果のフォローとその有効性の検証を含む
c）監査員の選定は社長が行い、監査員が自らの仕事を監査しないように配慮する
d）社長は、これらの報告内容を評価し、「規格の要求事項に適合しているか」について、該当する規格要求事項を特定し、その是正処置が原因の除去となっているかを確認する
e）マネジメントシステムの変更の必要性があれば、具体案を立案し、社長の承認のもとにシステムの変更を行う

あとがき

　今からちょうど20年前に、初めて認証審査を受けた時の思いが、ISOの認証業務に係わった時から今日まで続いてきました。審査に行っても、本業の中でどうしたら規格の要求を活用できるかということを、常に考えてきました。
　そうして集めた筆者なりの限られた知識ですので、まだまだ内容的にも未熟なところもあり、もっと有効な考え方や使い方、適用のしかたがあると思っています。そのような点では、まだ途上にあると言えるのですが、ただ、今回の規格の改訂はようやくこれまでの思いを叶えられそうな変更でした。審査員仲間には以前から同調し、支援して下さる方も多数おられることに励まされ、決して個人の偏った意見ではないという確信を深めながらやってきました。従って、この機会を除いて、筆者の考え方を世に問うことはできないと考えました。
　そのような中で、本書出版への道を開くとともにご指導いただいた、クォリテック品質・環境システムリサーチの長谷川武英氏のご尽力と、原稿作成のご助言を頂いた日刊工業新聞社出版局の天野慶悟氏、および審査関連の資料の提供に加えて推薦の言葉や助言をいただいた、株式会社マネジメントシステム評価センター代表取締役社長の藤井信二氏、審査統括部長の黒田良弥氏はじめ社員の皆様のお蔭で、ようやく出版にこぎつけることができました。最後になりますが、この場をお借りして深くお礼を申し上げます。

2016年2月
三戸部　徹

索引

数字・英字

6つの文書化された手順 …………… 56
APG文書 ……………………… 81,95
BCP ……………………………… 125
CAPD …………………………… 44
CASBEE ………………………… 121
CD ……………………………… 96
DIS …………………………… 67,96
EMS …………………………… 2,49
FDIS …………………………… 96
IAF ……………………………… ii
IAJ ……………………………… 51
ISO14001 …………………… v,112
ISO17021 …………………… 135
ISO17024 …………………… 137
ISO27001 …………………… 57
ISO9000 …………………… 131
ISO9001 ………………… i,ii,v,69,93
ISO9002 …………………… 93
ISO/IEC専門業務用指針 ………… iii
ISO/TC176 …………………… 24
ISO/TMB ……………………… iii

JAB …………………………… ii,135
JAB Workshop ………………… 84
JACB ………………………… ii,81
JCSS …………………………… 51
JIS規格 ………………………… 32
JISQ19011 …………………… 80
JISQ9000 …………………… 131
JISZ9901 …………………… 93
JISZ9902 …………………… 93
JSIMA規格 …………………… 21
JSIMA校正・検査認定制度 ……… 21
JTCG …………………………… iii
KY活動 ……………………… 46,75,116
KY活動シート ……………… 114,122
MS（マネジメントシステム）…… 2
PDCA ………………… 44,62,118,144
QC工程表 ……………………… 5
QMS …………………………… 49
TC176 ………………………… 1
TQC …………………………… 2
TQM …………………………… ii
VE ……………………………… 153
ZD運動 ………………………… 2

ア行

アクセス･･････････････････････････････ 60
一意の識別･･････････････････････････ 33,75

カ行

外部文書･･････････････････････････････ 15
環境と開発に関するリオ・デ・ジャネイロ宣
言･･････････････････････････････････ 2
環境マネジメントシステム･･････････････ 2,36
環境目標･･････････････････････････････ 44
管理台帳･･････････････････････････････ 14
機会･････････････････････････････････ 43
機器･････････････････････････････････ 50
ギャップ分析･･････････････････････ ii,4,138
キャリブレーション･････････････････････ 9
教育･････････････････････････････････ 20
記録･････････････････････････････････ 16
訓練･････････････････････････････････ 20
工業標準化法･････････････････････････ 32
校正結果成績書･･･････････････････････ 21
校正結果報告書･･･････････････････････ 51

サ行

校正証明書･･････････････････････････ 21,51
国際相互認証制度･･･････････････････ 137
コミュニケーション･････････････････････ 9
コンプライアンス･････････････････････ 15,82

サ行

サーベイランス審査･････････････････ 136
資源･････････････････････････････････ 49
情報セキュリティMS･･･････････････････ 57
是正処置･･････････････････････････ 82,90,136
測定値･･･････････････････････････････ 50

タ行

第三者審査制度････････････････････ 26,139
第三者認証制度･･･････････････････････ 138
達成度･･･････････････････････････････ 17
妥当性確認･･････････････････ 65,72,104,108
適用範囲･････････････････････････････ 39
特殊工程･････････････････････････････ 13
トップマネジメント･････････････････････ 41
トレーサビリティ･･････････････ 24,51,58,75

167

ナ行

内部監査……………… 10,25,80,146,164
内部監査員………………………… 80
内部監査プログラム……………… 83
ニセの本物の登録証………………… 1
日本規格協会……………………… 24
日本工業規格……………………… 32
認識………………………………… 54
認証範囲…………………………… 39

ハ行

配付台帳…………………………… 15
ヒューマンエラー…… 40,60,72,94,100,145
品質保証…………………………… 7
品質マネジメントシステム……… 35
品質目標…………………………… 44
文書管理………………………… 14,151

マ行

マニフェスト……………………… 30

マネジメントシステム…………… 2
マネジメントレビュー……………
31,38,58,79,82,133,146,152
見える化…………………………… 85

ヤ行

予防処置…………………………… 32

ラ行

力量………………………………… 54
リスク……………………………… 43

著者略歴

三戸部　徹（みとべ　とおる）

1969年 東北大学建築学科卒業後、前田建設工業で建設工事管理・設計・技術開発などに従事
2001年 MSA入社、登録部長、品質審査部長、企画部長、製品認証部長など認証業務に従事
2011年 アイエスオーミトベ事務所にて認証審査・ISOコンサルティング活動中
取得資格：一級建築士、一級建築施工管理技士、コンクリート主任技士、WES一級溶接技術者、
　　　　AWA建築鉄骨溶接外観検査技術者、CFT構造施工管理技術者
著作活動：月刊アイソス誌
　　　　2006年12月号「建設業とISOの活用」
　　　　2009年4-9月号 連載「QMS規格の活用提案」
　　　　2010年10月号「10年目の審査プロセスアプローチへの転換」
　　　　2011年4-9月号 連載「新経審改正施行　ISO-MSの見直しを考える」
　　　　2012年4月号「建設会社の統合マネジメントシステム」
　　　　2013年4月号「ISO9001　7.5.2を考察する」
　　　　2014年4月号「規格改正の機会にどのような改善ができるのか」
　　　　2015年4月号「建設業の次期改正対応環境マネジメントシステム」
　　　　2016年4月号「建設ISOの改訂対応」「2015年版規格の意図とは何か？　成果につな
　　　　　　　　　がる仕組みを目指す」
　　　　2017年4月号「建設業の2015年版対応　Part3　解説」
　　　　全建ジャーナル誌　2009年4，5月号「2008年版改正規格解説」
　　　　全建ジャーナル誌　2015年9月号から2016年3月号連載「ISO規格の改正は建設業にとっ
　　　　て絶好の改善の機会」

**ISO9001/ISO14001：2015年版 対応！
建設業のマネジメントシステム徹底見直し**　　　　　　　　　　　　NDC 510

2016年5月17日　初版1刷発行
2017年9月29日　初版2刷発行

（定価はカバーに表示されております。）

　　　　　　　　　　　　Ⓒ著　者　　三戸部　徹
　　　　　　　　　　　　発行者　　井　水　治　博
　　　　　　　　　　　　発行所　　日刊工業新聞社
　　　　　　　　　　　〒103-8548　東京都中央区日本橋小網町14-1
　　　　　　　　　　　電話　書籍編集部　東京　03-5644-7490
　　　　　　　　　　　　　　販売・管理部　東京　03-5644-7410
　　　　　　　　　　　　　　FAX　　　　　　　　03-5644-7400
　　　　　　　　　　　振替口座　00190-2-186076
　　　　　　　　　　　URL　http://pub.nikkan.co.jp/
　　　　　　　　　　　e-mail　info@media.nikkan.co.jp

　　　　　　　　　　　印刷・製本　㈱ティーケー出版印刷

落丁・乱丁本はお取替えいたします。　　2016 Printed in Japan
ISBN 978-4-526-07567-4

本書の無断複写は、著作権法上での例外を除き、禁じられています。